QIMIAO DE ZIRAN
XIANXIANG CONGSHU

奇妙的自然现象丛书

流畅细致的文字
精美独特的插图 大方优雅的版面

本书编写组◎编

大气与天气

世界图书出版公司
广州·上海·西安·北京

图书在版编目（CIP）数据

大气与天气／《大气与天气》编写组编 . —广州 ：
广东世界图书出版公司，2010.7　（2021.11 重印）
ISBN 978 - 7 - 5100 - 2514 - 3

Ⅰ . ①大… Ⅱ . ①大… Ⅲ . ①大气科学 - 普及读物②
天气学 - 普及读物 Ⅳ . ①P4 - 49

中国版本图书馆 CIP 数据核字（2010）第 147785 号

书　　名	大气与天气
	DA QI YU TIAN QI
编　　者	《大气与天气》编委会
责任编辑	康琬娟
装帧设计	三棵树设计工作组
责任技编	刘上锦　余坤泽
出版发行	世界图书出版有限公司　世界图书出版广东有限公司
地　　址	广州市海珠区新港西路大江冲 25 号
邮　　编	510300
电　　话	020-84451969　84453623
网　　址	http://www.gdst.com.cn
邮　　箱	wpc_gdst@163.com
经　　销	新华书店
印　　刷	三河市人民印务有限公司
开　　本	787mm×1092mm　1/16
印　　张	13
字　　数	160 千字
版　　次	2010 年 7 月第 1 版　2021 年 11 月第 6 次印刷
国际书号	ISBN　978-7-5100-2514-3
定　　价	38.80 元

序　言

　　地球上大气、海洋、陆地和冰冻圈构成了所有生物赖以生存的自然环境。自然现象，是在自然界中由于大自然的自身运动而自发形成的反应。

　　大自然包罗万象，千变万化。她用无形的巧手不知疲倦地绘制着一幅幅精致动人、色彩斑斓的巨画，使人心旷神怡。

　　就拿四季的自然更替来说，春天温暖，百花盛开，蝴蝶在花丛中翩翩起舞，孩子们在草坪上玩耍，到处都充满着活力；夏天炎热，葱绿的树木为人们遮阴避日，知了在树上不停地叫着。萤火虫在晚上发出绿色的光芒，装点着美丽的夏夜；秋天凉爽，叶子渐渐地变黄了，纷纷从树上飘落下来。果园里的果实成熟了，地里的庄稼也成熟了，农民不停地忙碌着；冬天寒冷，蜡梅绽放在枝头，青松依然挺拔。有些动物冬眠了，大自然显得宁静了好多。

　　再比如刮风下雨，电闪雷鸣，雪花飘飘，还有独特自然风光，等等。正是有这些奇妙的自然现象，才使大自然变得如此美丽。

　　大自然给人类的生存提供了宝贵而丰富的资源，同时也给人类带来了灾难。抗御自然灾害始终与人类社会的发展相伴随。因此，面对各类自然资源及自然灾害，不仅是人类开发利用资源的历史，而且是战胜各种自然灾害的历史，这是人类与自然相互依存与共存和发展的历史。正因如此，人类才得以生存、延续和发展。

　　人类在与自然接触的过程中发现，自然现象的发生有其自身的内在规律。

当人类认识并遵循自然规律办事时，其可以科学应对灾害，有效减轻自然灾害造成的损失，保障人的生命安全。比如，火山地震等现象不是时刻在发生。它是地球能量自然释放的现象。这个现象需要时间去积累。这也正是为什么火山口周围依然人群密集的原因。就像印度尼西亚地区的人们一样，他们会等到火山发泄完毕，又回到火山口下种植庄稼。这表明，人们已经认识到自然现象有相对稳定的一面，从而好好利用这一点。

当人类违背自然规律时，其必然受到大自然的惩罚。最近十年，人类对大自然的过度索取使得大自然面目全非。大自然开始疯狂的报复人类，比如冰川融化，全球变暖，空气污染，酸雨等，人类所处的地球正在经受着人类的摧残。

正确认识并研究自然现象，可以帮助人们把握自然界的内在规律，揭示宇宙奥秘。正确认识并研究自然现象，还可以改善人类行为，促进人们更好地按照规律办事。

本套丛书系统地向读者介绍了各种自然现象形成的原因、特点、规律、趣闻趣事，以及与人类生产生活的关系等内容，旨在使读者全方位、多角度地认识各种自然现象，丰富自然知识。

为了以后我们能更好的生活，我们必须去认识自然，适应自然，以及按照客观规律去改造自然。简单说，就是要把自然看作科学进军的一个方面。

前　　言

　　包围着地球的空气被称为大气，我们人类就生活在地球大气的底部，并且一刻都不能离开它。大气为地球生命的繁衍，人类的发展，提供了理想的环境。大气处于不停的运动变化之中，这种一刻也不停息的运动变化造成了天气的千变万化。天气的状况，深刻地影响着人类的生产生活。

　　我们把天气定义为不断变化着的大气状态，既是一定时间和空间内的大气状态，也是大气状态在一定时间间隔内的连续变化，即天气现象和天气过程的统称。天气现象是指风、云、雾、雨、雪、霜、雷、雹等发生在大气中的各种自然现象，而天气过程是指天气现象在一定地区随时间的变化过程。

　　大气层底部的对流层是天气现象出现的圈层，基本上所有的天气现象都发生在这里。天气的变化主要是大气温度、气压和含水量变化的结果。大气温度的不同，形成了冷暖气团，冷暖气团的相遇形成了锋面，从而发生降水，这是我国主要的降水天气系统。大气气压的不同，导致空气发生流动，即形成了风，尤其是大气气压不同导致的气旋和反气旋，更是形成各种各样的奇妙的风的根源。大气中的水汽，更是深刻地影响着天气的状况，可以说，地球上丰富复杂的天气状况，主要是有赖于水汽在其中发挥的作用。

大气中的水汽可谓变化万千，云、雾、雨、雪、雹、霜、露、凇，都和水汽有着紧密的联系。云是停留在大气层上的水滴或冰晶胶体的集合体，它是地球上庞大的水循环的有形的结果。雾是在水气充足、微风及大气层稳定的情况下，接近地面的空气冷却至某种程度时，空气中的水汽凝结成细微的水滴悬浮于空中，使地面水平的能见度下降的天气现象。而雨雪则是大气不能承受云的质量而降水的结果，由于大气温度不同而形成雨或雪。雹霜露凇，也都是水汽在特定情形下的华丽变身。

本书就是对这些大气现象和天气情况进行了一次系统的分析和说明，对造成各种天气状况的原因进行了讲解，尤其是与人们日常生活密切相关的雨、风、雷电等天气现象进行了专章介绍。

人们在对大气与天气的认识上，从古到今积累了许多的经验，并且形成了流传广远的谚语，本书也对这些天气谚语进行了介绍，并配合科学的分析，让读者明白其中的科学道理。

编者

contents

第一章　地球大气

人类赖以生存的大气，是围绕着整个地球的一个巨大的气体圈层，称为大气圈。大气在没有污染的情况下是透明、无色、无味、无臭的。这层大气由许多种气体组成，其中所包含的氧气对于人类的生存最为重要。这层空气可以传递声波，帮助人类进行语言交流。这层大气的存在，还可以阻止有害于人类健康的辐射线进入人类居住的环境，保护人类的正常生活和世代繁衍。可以说，大气对于人类的生存和社会的进步非常重要。

这层大气处在不停的运动之中，我们所感到的风就是空气运动的表征。大气的存在和不断运动的过程，才造成了地球上的生生不息，也造成了天气的千变万化。

第一节　地球大气的由来

大气以它变幻莫测的魅力吸引着人们。很早以前，人们就对这令人扑朔迷离的大气世界，产生了极大的兴趣。特别对于它的"身世"是最关心的了。大气是怎样诞生的？原始大气是什么样子？是否与今天的大气一样？……这一系列的问题，一直争论至今。人们都承认，地球大气是伴随着地球的形成过程，经过了亿万年的不断"吐故纳新"，才演变成今天的这个样子。但它是怎样演变的呢？一般认为，地球大气的演变过程可以分为三个阶段。

第一个阶段是原始大气阶段。大约在 50 亿年前，大气伴随着地球的诞生就神秘地"出世"了。也就是星云开始凝聚时，地球周围就已经包围了大量的气体。

原始大气的主要成分是氢和氦。当地球形成以后，由于地球内部放射性物质的衰变，进而引起能量的转换。这种转换对于地球大气的维持和消亡都是有作用的，再加上太阳风的强烈作用和地球刚形成时的引力较小，使得原始大气很快就消失掉了。

第二个阶段是次生大气阶段。地球生成以后，由于温度的下降，地球表面发生冷凝现象，而地球内部的高温又促使火山频繁活动，火山爆发时所形成的挥发气体，就逐渐代替了原始大气，而成为次生大气。

次生大气的主要成分是二氧化碳、甲烷、氮、硫化氢和氨等一些分子量比较重的气体。这些气体和地球的固体物质之间，互相吸引，互相依存。气体没有被地球的离心力所抛弃，而成为大气的第二次生命——次生大气。

第三个阶段是今日大气阶段。随着太阳辐射向地球表面的纵深发展，光波比较短的紫外线强烈的光合作用，地球上的次生大气中生成了氧，而且氧的数量不断地增加。有了氧，就为地球上生命的出现提供了极为有利的"温床"。

经过几十亿万年的分解、同化和演变，生命终于在地球这个"褓褓"中诞生了。原始的单细胞生命，在大气所纺织成的"摇篮"中，不断地演变、进化，终于发展成了今天主宰世界文明的高级人类。今天的大气也在这个过程中，获得了如此一个"美满的家庭"。

今天的大气虽然是由多种气体组成的混合物，但主要成分是氮，其次是氧，另外还有一些其他的气体，但数量是极其微小的。今天的大气之所以形成这种情况，是由于地球长期演化的结果。

关于今天的大气成分为什么是这样，它们是怎样长期演化来的，目前主要有两种看法。一种看法认为，今天的大气就是从地球原始大气演化而来的。另一种看法则认为，原始大气已经不存在了，现在的大气是由于地球内部火山活动所喷发出的物质演化成的。为了分析说明这个问题，我们可以和地球的左邻右舍（金星和火星）进行一下对比。根据探测资料，金星的大气成分主要是碳酸气，它的下部主要是二氧化碳，另外还有少量的氧、氮、碳、氖、氩、水汽，上部有原子状态的氧。火星的大气成分主要是二氧化碳，另外还有些氨、氢、氧、水汽等物质。那么是不是以前的大气也是这样的呢？

作为一个问题可以这样考虑：假如地球原始大气也是以碳酸气为主的话，那么为什么和今天以氮和氧为主的成分不一样？假如地球大气主要是火山喷发出来的，根据现在火山喷发的资料来看，火山喷发物质中主要是，水汽占81%，二氧化碳占10%，另外还有氮、硫等等，但没有游离状态的氧。由此可见，无论是从原始大气来看，还是从火山喷发气体中的这些物质来看，氧的成分都很少。而且大气中自从有了自由氧，才可能有臭氧的形成。有了氧，原始大气中的一氧化碳经过氧化成为二氧化碳，甲烷经氧化成为水汽和二氧化碳，氨经氧化成为水汽和氮，因而二氧化碳才占优势。

二氧化碳在初始大气中占的分量很大，但是由于光合作用的发展，碳大量地被用来构成生物体，另外一部分碳溶解于海洋，成为海洋生物发展的一种物质。当大气中的二氧化碳较多时，溶解到海水体中的二氧化碳就相对增多。现在有一种看法认为，由于化石燃料的燃烧，二氧化碳的浓度在增大。但在二氧化碳浓度增大的同时，自然界生态平衡的结果也不可能使二氧化碳的浓度过分地增大，一定有一部分要溶解到水体中去。

再一个成分就是氮。现在大气中的主要成分是氮，但从原始大气中或火山喷发气中来看，氮的成分是很少的，只有百分之几。而现在氮的增多，主要有2个原因：①氮的化学性质很不活跃，不太容易同其他物质化合，多呈游离状态存在；②氮在水中的溶解度很低，氮的溶解度仅相当于二氧化碳的1/7，所以它大多以游离状态存在于大气中，由于二氧化碳的减少，大部分初始水汽又变成液态水，成为今天的水圈，相对来说，氮和氧的比例就增多了，所以今天氮有这么多，是和氮本身的特性有关的。当然，氮也进行着循环，一些根瘤菌可以吸收氮，使得一部分氮参加到生物循环里去，这些物质在腐烂分解后，又放出游离的氮；也有一小部分氮进入到地壳的硝酸盐中。

氮虽参加循环，但大部分呈游离状态存在，相对来说，它的数量在增多，以致成为大气的主要成分。由此我们可以得出两点结论：①现在的大气成分是地球长期演化的结果，是和水圈、生物圈、岩石圈进行充分的物质循环的结果。可以说，这几个圈层是相互联系，互相渗透的一个整体。②现在的大气成分还在不断进行着循环的过程之中，而且这个过程基本是平衡的，稳定的，在短时期内不是会有明显变化的。

第二节 人类对地球大气的认识过程

从宇宙空间看地球，包围在地球外部的一层美丽而又千变万化的气体，总称为大气或大气层。大气层以地球的水陆表面为其下界，称为大气层的下垫面。不要小看这句话，这句话是人类对大气进行思索，设计实验，野外观测和发展探测技术的历史的总结。

一、亚里士多德的猜想与伽利略的设想

古希腊哲学家亚里士多德曾经猜想：我们这个世界是由4个壳层组成的，而这4个壳层又分别由4种原质构成，它们是土（实心球）、水（海洋）、空气（大气）和火（一个不可见的外层，在闪电的闪光中，它偶尔成为可见的）。他说，这些壳层之外的宇宙是由神秘的、纯粹的第五种原质构成，他把它叫做"以太"。在这样一幅图像之中，是没有"真空"（即"无物"）的位置的：在土的尽头，水就开始出现；土和水的尽头，气开始出现；火开始于气的尽头；而在火的尽头，以太又紧

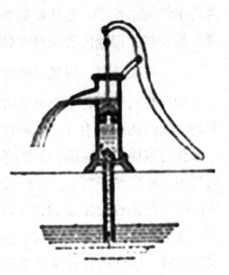

水压机

接着开始出现，它一直延续到宇宙的终级。

"大自然厌恶真空。"古代的哲学家们就是这样说的。水压机看来正是大自然厌恶真空的极好的例证。在水压机的把手被压下去时，活塞就被提起来，从而在圆筒的下半部分留下一段真空。但由于大自然厌恶真空，所以周围的水会打开筒底的一个单向阀门，涌入真空。重复进行这种运作，就会把筒内的水越提越高，直到它从泵口流出。根据亚里士多德的学说，应该是可以用这个方法把水提到任意高度的。

但是，那些不得不把水从矿坑底部汲上来的矿工们却发现，无论花费多大的努力和多长的时间，都不可能把水汲到离原来水面 10 米以上。

伽利略在探索的一生的晚年，对这个谜感到兴趣。显然，大自然对真空的厌恶只是到一定的限度为止，除此之外，他不可能再得出任何结论了。他怀疑如果使用密度比水大的液体，这个限度会低一些，但他没有来得及做这个实验就死了。

二、托里拆利、维瓦尼的实验与气压计

伽利略的学生托里拆利和维瓦尼在 1644 年真的进行了这个实验。他们选用了汞（汞的密度是水的 13.5 倍）。他们在一根约一米长的玻璃管里灌满汞，把开口的一端塞住，倒过来立在盛汞的盘中，然后拿开塞子。这时汞开始从管子流到盘里，但当管内汞面降低到比盘内汞面只高 760 毫米时，汞就不再从管里流出，而一直保持这个高度了。第一个"气压计"就是这样做成的。现代的水银气压计同它并没有本质的差别。

是什么使汞柱保持一定的高度呢？维瓦尼提出，这是由于大气的重量向下压在盘中的液体上。这是一个具有革命性的思想，

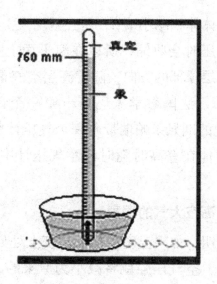

气压计

因为按照亚里士多德的概念，空气是没有重量的，它只不过在土球的外面占有它自己固有的范围。但是现在人们开始明白，10 米高的水柱或 760 毫米高的汞柱为大气的重量提供了一个量度，也就是说，这水柱或汞柱的重量就等于截面与之相同、高度为从海平面到大气顶部这样一个空气柱的重量。如果空气具有有限的重量，大气就一定会有有限的高度。这样，如果在大气层的各个高度上密度处处相同的话，大气层的高度就恰好是 8 千米左右。

三、玻意耳、巴斯卡的实验与大气压

1662 年，玻意耳证明情况不可能是这样，因为压力会使空气的密度增大。玻意耳把一个 J 形管子直立起来，J 形管较高的一端是敞口的，从这个口倒进一些汞，汞就会把小量的空气囚锢在较矮一边的封闭端内。当他再多灌入一些汞时，那个空气包就收缩。玻意耳发现，与此同时，它的压强增大了，这是因为他观察到当汞越来越重时，空气包的收缩却越来越少。根据实际测量，

玻意耳证明，气体体积减小 1/2，压强就增大 1 倍。

由于空气受压时会收缩，所以在海平面上空气一定最稠密，而沿着指向大气层顶部的方向，随着高层空气重量的减小，空气变得愈来愈稀薄，法国数学家巴斯卡第一个证实了这个情况，1648 年，他让他的姻兄弟帕瑞带着一个气压计登上一座高约 1.5 千米的山，并请他在登高时随时注意气压计中汞柱高度下降的情况。

四、近代对高空大气的探索

理论计算表明，如果温度在整个高度上处处相同，那么，高度每增加 1 千米，空气压强就将减小为原来的 1/10。换句话说，在 19 千米的高空，空气所能支持的汞柱高度将从 760 毫米降低为 76 毫米；在 38 千米的高空，将降低为 7.6 毫米；而在 57 千米的高空，将降低为 0.76 毫米，等等。在 170 千米的高空，空气压强就会仅仅相当于 0.000000076 毫米汞柱。

实际上，所有这些数字都只是近似的，因为空气的温度是随高度而变化的。不过，这些数字确实能使图像变得清楚一些，而且我们可以看到，大气层并没有明确的边界，它只是逐渐稀薄下去，一直到变成几乎一无所有的宇宙空间。人们曾经探测到 160 千米高空处的陨星光

平流层气球

8

迹，那里的大气压只有地球表面的几百分之一，而空气的密度却只有十亿分之一。但这一点点空气就足以使它们那一点点物质因摩擦而燃烧到白炽。由于受到外层空间高速粒子的轰击而发出冷辉光的气体所形成的极光——北极光，则位于海平面以上800～1000千米的高空。

直到18世纪末期，人们所能接触的高层大气似乎还从未超过高山的山顶。1892年设计出了带有仪器、无人乘坐的气球，这些气球能够上升得更高，从过去从未探索过的高空气层带回那里大气的温度和压强的情报。

探空火箭

在离地只有几千米的空中，正像人们所预料的，温度逐渐下降。在11千米左右的高空，温度为－55℃。但是，再往上去情况就令人惊奇了，在这个高度以上的温度并不降低，事实上它甚至还略有升高。

人类用平流层气球和探空火箭进一步认识了10千米以上的地球大气。

上述工具帮助人类认识地球大气的成分和结构。

第三节　地球大气的组成

　　过去人们认为地球大气是很简单的，直到 19 世纪末才知道地球上的大气是由多种气体组成的混合体，并含有水汽和部分杂质。它的主要成分是氮、氧、氩等。在 80～100 千米以下的低层大气中，气体成为可分为 2 部分：① "不可变气体成分"，主要指氮、氧、氩三种气体。这几种气体成分之间维持固定的比例，基本上不随时间、空间而变化。② "易变气体成分"，以水汽、二氧化碳和臭氧为主，其中变化最大的是水汽。总之，大气这种含有各种物质成分的混合物，可以大致分为干洁空气、水汽、微粒杂质和新的污染物。

一、干洁大气成分

　　地球大气由多种气体混合组成。低层（85 千米以下）大气的气体成分可分为 2 类，①常定成分，主要包括氮、氧、氩，以及微量的惰性气体氖、氦、氪、氙等，它们在大气成分中保持固定的比例；②可变成分，其比例随时间、地点而变，其中水汽的变化幅度最大，二氧化碳和臭氧所占比例最小，但对气候影响较大，硫、碳和氮的各种化合物还影响到人类生存的环境。

　　干洁空气是指大气中除去水汽、液体和固体微粒以外的整个混合气体，简称干空气。它的主要成分是氮、氧、氩、二氧化碳等，其容积含量占全部干洁空气的 99.99% 以上。其余还有少量的氢、氖、氦、氙、臭氧等。

由于大气中存在着空气运动和分子扩散作用，使不同高度、不同地区的空气得以进行交换和混合。从地面向上到 80～100 千米高处，干洁空气的各种成分的比例基本上是不发生变化的。

干洁大气的主要成分和比例如表：

干洁大气成分

气体	按容积百分比	按质量百分比	分子量
氮	78.084	75.52	28.0134
氧	20.948	23.15	31.9988
氩	0.934	1.28	39.948
二氧化碳	0.033	0.05	44.0099

其中对人类活动及天气变化有影响的大气成分为：

（1）氧气：氧气占大气质量的 23%，它是动植物生存、繁殖的必要条件。氧的主要来源是植物的光合作用。有机物的呼吸和腐烂，矿物燃料的燃烧需要消耗氧而放出二氧化碳。

（2）氮气：氮气占大气质量的 76%，它的性质很稳定，只有极少量的氮能被微生物固定在土壤和海洋里变成有机化合物。闪电能把大气中的氮氧化（变成二氧化氮），被雨水吸收落入土壤，成为植物所需的肥料。

（3）二氧化碳：二氧化碳含量随地点、时间而异。人烟稠密的工业区占大气质量的 5/10000，农村大为减少。同一地区冬季多夏季少，夜间多白天少，阴天多晴天少。这是因为植物的光合作用需要消耗二氧化碳。

（4）臭氧：臭氧是分子氧吸收短于 0.24 微米的紫外线辐射后重新结合的产物。臭氧的产生必须有足够的气体分子密度，同时有紫外辐射，因此臭氧密度在 22～35 千米处为最大。臭氧对太阳紫外辐射有强烈的吸收作用，加热了所在高度（平流层）的大气，对平流层温度场和流场起着决定作用，同时臭氧层阻挡了强紫外辐射，保护了地球上的生命。

二、水汽

水汽在大气中含量很少，但变化很大，其变化范围在 0 ~ 4% 之间，水汽绝大部分集中在低层，有 1/2 的水汽集中在 2 千米以下，3/4 的水汽集中在 4 千米以下，10 ~ 12 千米高度以下的水汽约占全部水汽总量的 99%。

大气中的水汽来源于下垫面，包括水面、潮湿物体表面、植物叶面的蒸发。由于大气温度远低于水面的沸点，因而水在大气中有相变效应。水汽含量在大气中变化很大，是天气变化的主要角色，云、雾、雨、雪、霜、露等都是水汽的各种形态。水汽能强烈地吸收地表发出的长波辐射，也能放出长波辐射，水汽的蒸发和凝结又能吸收和放出潜热，这都直接影响到地面和空气的温度，影响到大气的运动和变化。

三、杂质和微粒

大气中除了气体成分以外，还有很多的液体和固体杂质、微粒。杂质是指来源于火山爆发、尘沙飞扬、物质燃烧的颗粒，流星燃烧所产生的细小微粒和海水飞溅扬入大气后而被蒸发的盐粒，还有细菌、微生物、植物的孢子花粉等。它们多集中于大气的底层。

液体微粒，是指悬浮于大气中的水滴、过冷水滴和冰晶等水汽凝结物。

大气中的杂质、微粒，聚集在一起，直接影响大气的能见度。但它能充当水汽凝结的核心，加速大气中成云致雨的过程；

12

它能吸收部分太阳辐射，又能削弱太阳直接辐射和阻挡地面长波辐射，对地面和大气的温度变化产生了一定的影响。

四、大气污染物

随着人类社会生产力的高度发展，各种污染物大量地进入地球大气中，这就是人们所说的"大气污染"。

大气中污染物已经产生危害，受到人们注意的污染物大致有100种，主要污染物如表所示。

大气中的主要污染物

分类	成分
粉尘微粒	碳粒、飞灰、碳酸钙、氧化锌、二氧化铅
硫化物	SO_2、SO_3、H_2SO_4（雾）、H_3S 等
氮化物	NO、NO_2、NH_3 等
卤化物	Cl_2、HCl、HF 等
碳氧化物	CO、CO_2 等
氧化剂	O、过氧酰基硝酸酯（PAN）等

其中影响范围广，对人类环境威胁较大的主要是煤粉尘、二氧化碳、一氧化碳、碳化氢、硫化氢和氨等。

从污染物来源看，主要有燃料燃烧时从烟囱排出的废气、汽车排气和工厂漏掉跑掉的毒气，而烟囱与汽车废气约占总污染物的70%之多。

五、大气中各种成分与万物的关系

首先是大气中的水分通过降水进入土壤，滋养地面万物，土壤中的水一部分通过植物的呼吸和蒸发以及土壤本身的蒸发，排放到大气中；另一部分与植物和有机物的碳、氮、硫、磷元素产生生物化学反应，通过呼吸与分解又向大气排放二氧化碳；第三部分成为地表河流与地下水，在它们流向海洋的过程中遇到动物排泄的粪便，产生生物化学反应，这些反应物与陆地上的碳、氮、硫、磷一起流入海洋，成为海洋生物的养分的一个来源，海洋生物的呼吸与分解又把二氧化碳排放到大气中。大气中二氧化碳的另一个来源是人类燃烧矿物化石（煤，石油，天然气等）。大气中的二氧化碳通过光合作用成为陆地植物、海洋浮游植物的成分，同时上述生物向大气排放氧气。

实际大气中除了气体成分之外，还有各种各样的固体、液体微粒。我们称悬浮着液体、固体粒子的气体为气溶胶，悬浮在气体介质中沉降速度很小的液体和固体粒子称为气溶胶粒子，简称气溶胶；包括尘埃、烟粒、海盐颗粒、微生物、植物孢子、花粉等，不包括云、雾、冰晶、雨雪等水成物。最小的气溶胶粒子基本上由燃烧产生，如燃烧的烟粒、工业的粉尘，森林火灾、火山爆发等，也有宇宙尘埃。大粒子和巨粒子的气溶胶粒子可由风刮起的尘埃、植物孢子和花粉，或海面波浪气泡破裂产生。

气溶胶粒子可以吸附或溶解大气中某些微量气体，产生化学反应，污染大气。气溶胶粒子还能吸附和散射太阳辐射，改变大气辐射平衡状态，或影响大气能见度。

第四节　大气的垂直结构

就整个地球来说，越靠近核心，组成物质的密度就越大。大气圈是地球的一部分，若与地球的固体部分相比较，密度要比地球的固体部分小得多，全部大气圈的重量大约为 5×10^{11} 万吨，还不到地球总重量的百万分之一；以大气圈的高层和低层相比较，高层的密度比低层要小得多，而且越高越稀薄。假如把海平面上的空气密度作为 1，那么在 240 千米的高空，大气密度只有它的一千万分之一；到了 1600 千米的高空就更稀薄了，只有它的一千万亿分之一。整个大气圈质量的 90% 都集中在高于海平面 16 千米以内的空间里。再往上去，当升高到比海平面高出 80 千米的高度，大气圈质量的 99.999% 都集中在这个界限以下，而所剩无几的大气却占据了这个界限以上的极大的空间。

探测结果表明，地球大气圈的顶部并没有明显的分界线，而是逐渐过渡到星际空间的。高层大气稀薄的程度虽说比人造的真空还要"空"，但是在那里确实还有气体的微粒存在，而且比星际空间的物质密度要大得多，然而，它们已不属于气体分子了，而是原子及原子再分裂而产生的粒子。以 80~100 千米的高度为界，在这个界限以下的大气，尽管有稠密稀薄的不同，但它们的成分大体是一致的，都是以氮和氧分子为主，这就是我们周围的空气。而在这个界限以上，到 1000 千米上下，就变得以氧为主了；再往上到 2400 千米上下，就以氦为主；再往上，则主要是氢；在 3000 千米以上，便稀薄得和星际空间的物质密度差不多了。

自地球表面向上，大气层延伸得很高，可到几千千米的高空。根据人造卫星探测资料的推算，在 2000~3000 千米的高空，地球大气密度便达到每立方厘米 1 个微观粒子这一数值，和星际空间的密度非常相近，这样 2000~3000 千米的高空可以大致看作是地球大气的上界。

整个地球大气层像是一座高大的而又独特的"楼房"，按其

15

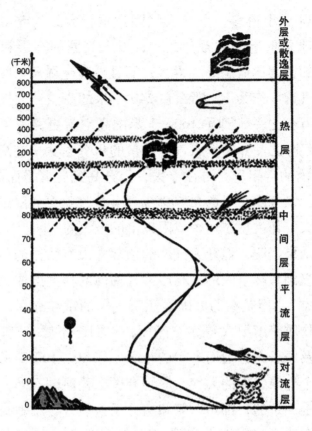

大气的分层

成分、温度、密度等物理性质在垂直方向上的变化，世界气象组织把这座"楼"分为五层，自下而上依次是：对流层、平流层、中间层、暖层和散逸层。

　　对流层是紧贴地面的一层，它受地面的影响最大。因为地面附近的空气受热上升，而位于上面的冷空气下沉，这样就发生了对流运动，所以把这层叫做对流层。它的下界是地面，上界因纬度和季节而不同。据观测，在低纬度地区其上界为 17～18 千米；在中纬度地区为 10～12 千米；在高纬度地区仅为 8～9 千米。夏季的对流层厚度大于冬季。以南京为例，夏季的对流层厚度达 17 千米，而冬季只有 11 千米，冬夏厚度之差达 6 千米之多。

在对流层的顶部，直到高于海平面 50～55 千米的这一层，气流运动相当平衡，而且主要以水平运动为主，故称为平流层。

平流层之上，到高于海平面 85 千米高空的一层为中间层。这一层大气中，几乎没有臭氧，这就使来自太阳辐射的大量紫外线在穿过这一层大气时未被吸收，所以，在这层大气里，气温随高度的增加而下降得很快，到顶部气温已下降到 −83℃以下。由于下层气温比上层高，有利于空气的垂直对流运动，故又称之为高空对流层或上对流层。中间层顶部尚有水汽存在，可出现很薄且发光的"夜光云"，在夏季的夜晚，高纬度地区偶尔能见到这种银白色的夜光云。

从中间层顶部到高出海面 800 千米的高空，称为暖（热）层，又叫电离层。这一层空气密度很小，在 700 千米厚的气层中，只含有大气总重量的 0.5%。据探测，在 120 千米高空，声波已难以传播；270 千米高空，大气密度只有地面的一百亿分之一，所以在这里即使在你耳边开大炮，也难听到什么声音。暖层里的气温很高，据人造卫星观测，在 300 千米高度上，气温高达 1000℃以上。所以这一层叫做暖层或者热层。

暖层顶以上的大气统称为散逸层，又叫外层。它是大气的最高层，高度最高可达到 3000 千米。这一层大气的温度也很高，空气十分稀薄，受地球引力场的约束很弱，一些高速运动着的空气分子可以挣脱地球的引力和其他分子的阻力散逸到宇宙空间中去。根据宇宙火箭探测资料表明，地球大气圈之外，还有一层极其稀薄的电离气体，其高度可伸延到 22000 千米的高空，称之为地冕。地冕也就是地球大气向宇宙空间的过渡区域。人们形象地把它比作是地球的"帽子"。

此外，还可以把整个大气看成是一座别致的"两层小楼"。这种"两层楼"的设计又是以大气的不同特征为根据的。

（1）按照大气的化学成分来划分。这种划分是以距海平面90千米的高度为界限的。在90千米高度以下，大气是均匀地混合的，组成大气的各种成分相对比例不随高度而变化，这一层叫做均质层。在90千米高度以上，组成大气的各种成分的相对比例，是随高度的升高而发生变化的，比较轻的气体如氧原子、氮原子、氢原子等越来越多，大气就不再是均匀的混合了，因此，把这一层叫做非均质层。

（2）是按着大气被电离的状态来划分，可分为非电离层和电离层。在海平面以上60千米以内的大气，基本上没有被电离处于中性状态，所以这一层叫非电离层。在60～1000千米的高度，这一层大气在太阳紫外线的作用下，大气成分开始电离，形成大量的正、负离子和自由电子，所以这一层叫做电离层，这一层对于无线电波的传播有着重要的作用。

第五节 影响天气的气压带和活动中心

在任何表面上，由于大气的重量所产生的压力，也就是单位面积上所受到的力，叫做大气压。其数值等于从单位底面积向上，一直延伸到大气上界的垂直气柱的总重量。气压是重要的气象要素之一。

某地的气压值，等于该地单位面积上大气柱的重量。高度愈高，压在其上的空气柱愈短，气压也就愈低。因此，气压总是随着高度的增加而降低的。在海平面的大气压大约 760 毫米，而在 5.5 千米的高空气压大约是 380 毫米。这就是登山运动员在攀登高峰时，愈接近顶峰，愈感到呼吸困难的道理。一般在低层大气中，上升相同距离气压降低的数值大，而在高层大气中，降低的数值小。据实测，在近地面层中，高度每升高 100 米，气压平均降低约 9.5 毫米水银柱高；在高层则小于这个数值。空气密度大的地方，气压随高度降低得快些，空气密度小的地方则相反。

气压随着时间的不同而改变，既包含气压的周期性变化，也包含气压的非周期性变化。所谓气压的周期性变化，是指气压随时间的改变而呈现规律性波动。比如气压在一昼夜之内的日变化情况。一天中总有一个最高值，出现在上午 9～10 点，之后气压开始下降，到下午 15～16 点时出现一天气压的最低值。以后气压又开始缓慢上升，到 21～22 点再现一天中气压的次高值，次日凌晨 3～4 点则出现次低值。

气压在一年之内的季节变化情况也属于周期性的变化。这种气压的年变化以中纬度地区最为明显。

所谓气压的非周期性变化，是指气压变化不存在固定的周期。实际的气压变化是这两种变化因素综合作用的结果。但这两种变化所起的作用不等，在任何情况下，必有一种变化是主要的。如热带地区，气压的周期性变化较明显；中纬度地区，气压的非周期性变化较大。然而这种情况也不是固定的，有时双方还会互相转化。

我们已知地球上不同纬度地区所得到的太阳辐射是不同的。因而气温的高低也随纬度而变化，同时气压也跟着变化。

辐射越强，气温越高；辐射越弱，气温越低。

纬度越低，气温越高；纬度越高，气温越低。

气温越低，气压越高；气温越高，气压越低。

大气总是由气压高的地方，吹向气压低的地方，从而在地球上形成不同的气压带和风带。

（1）赤道低气压带：在赤道及其两侧，是太阳高度角最大的地带，这里受太阳光热最多，地面增温也高，接近地面的空气受热膨胀上升，空气减少，气压降低。这样在南北纬5°之间的地区，就形成了一个低气压带——赤道低气压带。

（2）副热带高气压带：由赤道低气压带上升的气流，由于气温随高度而降低，空气渐重，在距地面4~8千米处大量聚集，转向南北方向扩散运动，同时还受重力影响，故气流边前进，边下沉，各在南北纬30°附近沉到近地面，使低空空气增多，气压升高，形成了南北两个副热带高气压带，它是因为空气聚积，由动力原因形成的，属暖性高压。

（3）极地高气压带：在地球南北两极及其附近是纬度最高的地区，这里的太阳高度角最小，接受的太阳光热也最少，终年低温，空气冷重下沉，地面空气多，气压较高，形成南北两个极地高气压带，它是由热力原因形成的冷高压。

为了区别以上两个高压，需要指出在一般条件下，气温高的地方，因近地面大气受热膨胀，到高空堆积起来，使高空空气密度增大，那里的气压比同一水平面上周围的气压都高，形成高气压，于是空气便从高气压向周围气压低的地方扩散，这样气温高的地方，空气质量就减少了，地面上随承受的压力就减低，形成低气压；气温低的地方空气收缩下沉，高空空气密度减小，形成低气压，这时周围的空气就会来补充，使气温低的地方空气柱的大气质量增多，地面气压因而增高，成为高气压。所以近地面空

20

气受热，气压下降；空气冷却，气压升高。高空气压的高低与地面气压经常是相反的。因为气温高的地方，空气上升后在高空堆积，密度增大，形成高压；气温低的地方，空气下降后，在高空密度减小形成低压。这是由于热力原因形成空气中的高压和低压。

（4）副极地低气压带：这个气压带在南北纬60°附近，由于这个地带处于副热带高气压带和极地高气压带之间，是一个相对的低压带。

这样，在假设不自转的地球上，就形成了上述的7个气压带。

地球是在一刻也不停地自转和公转着。因此，在上述7个气压带的形成过程中就伴随着空气的运动。而空气运动的方向总是从高压指向低压。因为大气紧紧围绕着地球表面，大气在从高压区流向低压区的运动过程中，同时也随着地球一同自西向东转动着。这样大气还要受到一个由于地球自转而产生的力的影响，这个力就是地球自转偏向力，它在北半球总是使运动着的大气向右偏斜，在南半球总是向左偏斜。这样，风的运动方向就不是正直的由高压指向低压，而是在北半球发生了右偏，北风变成了东北风；南半球发生了左偏，南风变成了东南风。

由于地球表面的不均匀，使得气压带和风带不那么完整，发生了破裂。特别是地球表面上辽阔的大陆和浩瀚的海洋，更对气压带有很大的破坏性。

由于海陆热力性质的差异，使得海陆冬夏的增温和冷却有着明显的不同。冬季：大陆冷，海上热，形成陆上高压，海上低压；夏季：大陆增热快，海上增热慢（相对温度低），形成大陆低压，海上高压。亚欧大陆冬夏的气压形势转换，就是这样造成的。在世界范围内，北半球的冬季和夏季分别形成不同的高压或低压活动中心。由于这些活动中心范围很大，甚至大于半球，所以又叫行星活动中心。北半球冬、夏季的活动中心如表。

北半球冬、夏季气压中心

北半球	高气压区	低气压区
冬季	西伯利亚高压 北美高压 大西洋高压势力弱 太平洋高压尚存	阿留申低区 冰岛低压
夏季	太平洋高压 大西洋高压势力强	南亚低压 北美低压 阿留申低压势力大减 冰岛低压 凡似消失

　　冬季，在亚欧大陆上的西伯利亚高压和北美大陆上的北美高压，到夏季就消失了。大陆上出现了南亚低压和北美低压。而太平洋高压和大西洋高压冬、夏常存，只不过强度不同而已。

　　冬、夏的这些高、低气压区，对于这些地区气候的形成有很大的影响。举例说明，如冬季西伯利亚高气压，成为冷空气的源地之一，对我国冬季天气影响很大；夏季太平洋高压是暖空气的源地，对我国夏季天气影响很大。

22

第二章　大气运动与天气

天气是指经常不断变化着的大气状态，既是一定时间和空间内的大气状态，也是大气状态在一定时间间隔内的连续变化。所以天气可以理解为天气现象和天气过程的统称。天气现象是指在大气中发生的各种自然现象，即某瞬时内大气中各种气象要素（如气温、气压、湿度、风、云、雾、雨、雪、霜、雷、雹等）空间分布的综合表现。天气过程就是一定地区的天气现象随时间的变化过程。

天气和人类的生活、经济活动和社会活动的关系极为密切，因此，自古以来就有关于天气的记载。人类在和天气的斗争中积累了丰富的经验和知识，世界各地广泛流传的天气谚语，就是千百年来人类认识天气的经验总结。对于天气千变万化的原因，人类已经有了基本的认识，并总结出一些理论来。

23

第一节　和天气有关的几个概念

天气总是处于不断的变化之中，在几分钟之内，可能由阳光灿烂、风平浪静转变为风暴骤起、波涛汹涌。同一时刻，各地的天气及其变化差别也很大，"夏雨隔牛背"、"十里不同天"就是这种差别的生动写照。天气虽然千变万化，但它是大气的动力过程和热力过程的综合结果，是有规律可循的。

在现代科学基础上发展起来的天气学，就是研究天气变化规律，并用科学方法进行天气预报的一门学问。现在不仅可以通过遍布全球的气象站网来观察天气的变化，还可以通过气象雷达、气象卫星等先进探测工具探测大范围的天气变化；并可运用高速电子计算机求解大气动力方程组，从而制作大范围以至全球的数值天气预报。人们并不满足于预知未来的天气变化，从20世纪40年代以来，逐步开展了人工影响天气的科学试验。但是，天气变化还有许多未知的领域，需要人们去探索、去认识。

为了更好地认识天气，我们首先介绍几个和天气有关的基本概念。

24

一、天气系统

一个地方的天气变化，是由于其中一个个移动的、大大小小的系统（高压、低压等）引起的，这些系统称为天气系统。气象卫星观测资料表明，大大小小的天气系统相互交织、相互作用着，在大气运动过程中演变着。最大的天气系统范围可达2000千米以上，最小的还不到1千米。尺度越大的系统，生命史越长；尺度越小的系统，生命史越短。较小系统往往是在较大尺度系统的孕育下形成、发展起来的，而较小系统发展、壮大以后，又给较大系统以反作用，彼此相互联系，相互制约，关系错综复杂。

各类天气系统，都是在一定地理环境中形成、发展和演变着的，都具有一定地理环境的特性。比如极地和高纬地区，终年严寒、干燥。这一环境特性成为极地和高纬地区的高空极涡、低槽和低空冷高压系统形成、发展的必要条件。赤道和低纬地区，终年高温、潮湿，大气处于不稳定状态，是对流天气系统形成、发展的重要基础。中纬度处于冷暖气流交汇地带，不仅冷、暖气团频繁交替，而且使锋面、气旋系统得以形成、发展。

天气系统的形成、活动，反过来又会给地理环境以影响。因而，认识和掌握天气系统的结构、组成、运动变化规律以及同地理环境间的相互关系，了解气候的形成、变化和预测地理环境的演变，都是十分重要的。

二、天气图

天气图是指填有各地同一时间气象要素的特制地图。在天气图底图上，填有各城市、测站的位置以及主要的河流、湖泊、山脉等地理标志。气象科技人员根据天气分析原理和方法进行分析，从而揭示主要的天气系统，天气现象的分布特征和相互的关系。天气图是目前气象部门分析和预报天气的一种重要工具。

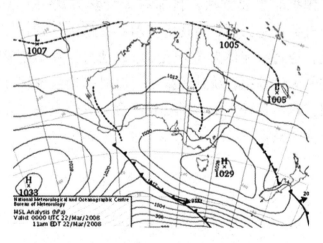

专业的地面天气图（南半球）

　　天气图分地面天气图及高空天气图，主要层次如 850 百帕（气象学中计量单位，1 百帕 = 0.1 千帕）、700 百帕、500 百帕、300 百帕、200 百帕等天气图，同一时刻上、下层次配合，可了解天气系统的三度空间结构，根据需要可选用不同范围的天气图，在我国通常用欧亚范围的天气图，有时也用北半球范围，或低纬度图或某一省、地区范围的小图作辅助分析用。

三、天气预报

　　天气预报是根据大气科学的基本理论和技术对某一地区未来的天气作出分析和预测，准确及时的天气预报对于经济建设、国防建设的趋利避害，保障人民生命财产安全等方面有极大的社会和经济效益。

　　天气预报的时限分为：1~2 天为短期天气预报，3~15 天为中期天气预报，月、季为长期天气预报，1~6 小时之内则为短临预报（临近预报）。

　　天气预报的主要方法，目前有天气学方法——以天气图为主，配合气象卫星云图、雷达等资料；数值天气预报——以计算机为工具，通过解流体力学，热力学，动力气象学组成的预报方程，来制作天气预报；统计预报——以概率论数理统计为手段作天气预报。以上各种方法有时互相配合、综合应用，并广泛采用计算机作为工具。

26

第二节　影响天气的气团

从地表广大区域来看，存在着水平方向上物理性质（温度、湿度、稳定度等）比较均匀的大块空气，它的水平范围常可达几百到几千千米，垂直范围可达几千米到十几千米，水平温度差异小，1000千米范围内的温度差异小于10℃～15℃，这种性质比较均匀的大块空气叫做气团。

一、气团形成的条件

气团形成需要具备两个条件：

（1）有大范围性质比较均匀的下垫面，如辽阔的海洋、无垠的大沙漠、冰雪覆盖的大陆和极区等等都可成为气团形成的源地。下垫面向空气提供相同的热量和水汽，使其物理性质较均匀，因而下垫面的性质决定着气团属性。在冰雪覆盖的地区往往形成冷而干的气团；在水汽充沛的热带海洋上常常形成暖而湿的气团。

（2）必须有使大范围空气能较长时间停留在均匀的下垫面上的环流条件，以使空气能有充分时间和下垫面交换热量和水汽，取得和下垫面相近的物理特性。例如，亚洲北部西伯利亚和蒙古等地区，冬季经常为移动缓慢的高压所盘踞，那里的空气从高压中心向四周流散，使空气性质渐趋一致，形成干、冷的气团，成为我国冷空气的源地；又如我国东南部的广大海洋上，比较稳定的太平洋副热带高压，是形成暖湿热带海洋气团的源地；较长时间静稳无风的地区，如赤道无风带或热低压区域，风力微弱，大块空气也能长期停留，形成高温高湿的赤道气团。

在上述条件下，通过一系列的物理过程（主要有辐射、乱流和对流、蒸发和凝结，以及大范围的垂直运动等），才能将下垫面的热量和水分输送给空气，使空气获得与下垫面性质相适应的比较均匀的物理性质，形成气团。这些过程有的是发生于大气与下垫面之间的，有的发生于大气内部。

二、气团的变性

气团在源地形成后，要离开它的源地移到新的地区，随着下垫面性质以及大范围空气的垂直运动等情况的改变，它的性质也将发生相应的改变。例如，气团向南移动到较暖的地区时，会逐渐变暖；而向北移动到较冷的地区时，会逐渐变冷。气团在移动过程中性质的变化，称为气团的变性。

28

冬季北半球气团

不同气团，其变性的快慢是不同的，即使是同一气团，其变性的快慢还和它所经下垫面性质与气团性质差异的大小有关。一般说来，冷气团移到暖的地区变性较快，在这种情况下，冷气团低层变暖，趋于不稳定，乱流和对流容易发展，能很快地将低层的热量传到上层；相反，暖气团移到冷的地区则变冷较慢，因为低层变冷趋于稳定，乱流和对流不易发展，其冷却过程主要靠辐射作用进行。从大陆移入海洋的气团容易取得蒸发的水汽而变湿，而从海洋移到大陆的气团，则要通过凝结及降水过程才能变干，所以气团的变干过程比较缓慢。冬季影响我国的冷空气，都已不是原来的西伯利亚大陆气团，而是变性了的大陆气团。

气团在下垫面性质比较均匀的地区形成，又因离开源地而变性。气团总是在或快或慢地运动着，它的性质也总是在或多或少地变化着，气团的变性是绝对的，而气团的形成只是在一定条件下获得了相对稳定的性质而已。由于我国大部分地区处于中纬度，冷暖空气交替频繁，缺少气团形成的环流条件，同时地表性质复杂，很少有大范围均匀的下垫面作为气团的源地，因而活动在我国境内的气团，严格说来都是从其他地区移来的变性气团。

三、气团的分类和特性

为了分析气团的特征、分布移动规律，常常对地球上的气团进行分类，分类的方法大多采用地理分类法和热力分类法两种。

（1）热力分类法：气团按其热力特性可分为冷气团和暖气团两大类。凡是气团温度低于流经地区下垫面温度的，叫冷气团；相反，凡是气团温度高于流经地区下垫面温度的，叫暖气团。这里所谓冷、暖均是比较而言，至于温度低到多少度才是冷气团，温度高到多少度才是暖气团，则没有绝对的数量界限。一般形成在冷源地的气团是冷气团，形成在暖源地的气团是暖气团。两气团相遇，温度低的是冷气团，温度高的是暖气团。

（2）地理分类法：根据气团形成源地的地理位置，对气团进行分类，称为气团的地理分类。按这种分类法，气团分成北极气团、温带气团、热带气团、赤道气团四大类。由于源地地表性质不同，又将每种气团（赤道气团除外）分为海洋性和大陆性两种，这样，总共分为7种气团。

冬季北半球气团

①北极（冰洋）大陆气团：源地在北极附近的冰雪表面上，特点是温度低、气压高、湿度小、气层稳定。当它侵入一个地区时，就形成寒潮。我国境内看不到它的活动。

②北极（冰洋）海洋气团：源地也在北极地区，是北冰洋未

封冻时所形成的，它的特点是比前者温度稍高，湿度较大，多在高纬度地区活动。

南半球气团

③温带（极地）大陆气团：源地在西伯利亚和蒙古。冬季，这种气团形成于强烈冷却的、积雪覆盖的大陆表面上。低层温度很低，有强烈逆温现象，空气层稳定；夏季，受大陆热力状况的影响，空气层不稳定。冬季出现在我国东北地区北部、新疆北部和内蒙地区。影响我国的多是变性温带大陆气团，势力强，维持时间长，影响范围广，是我国冷空气活动的主要来源。

④温带（极地）海洋气团：源于温带洋面，冬夏情况有显著不同。冬季低层接触洋面，温度较高，湿度较大，常不稳定，易形成对流云，有时产生降水；夏季与温带大陆气团性质差不多，对我国影响不大。

夏季北半球气团

⑤热带海洋气团：太平洋副热带高压区域和大西洋亚速尔高压区域是它的主要源地。特征是温度高，湿度大，在海上因空气下沉，天气晴朗，影响我国的是变性热带海洋气团。夏季，它是控制我国天气的主要气团之一，在它控制下，可以出现干旱、晴热的天气，当它的北缘与变性温带气团相遇时，可出现降水天气。

⑥热带大陆气团：主要源于副热带沙漠地区。如中亚、西南亚、北非撒哈拉沙漠等地。特征是炎热、干燥。夏季常影响我国西北地区，为最干热的气团。

⑦赤道气团：形成于赤道附近的洋面，具有高温高湿的特征。盛夏时，它影响我国华南一带，天气湿热，常有雷雨产生。

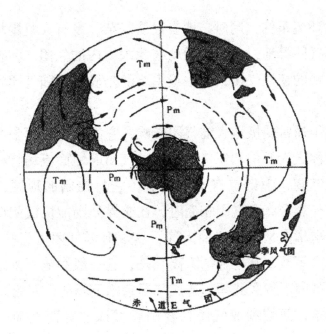

夏季南半球气团

四、中国境内的气团活动和气团天气

由于不同的气团具有不同的温度、湿度和压力等物理特性，在它们控制下的地区，就分别具有不同的天气特点。例如，当冷气团向南移行至另一地区时，不仅会使这个地区变冷，且由于气团底部增暖，使该地区上空气层的稳定度减小，产生不稳定性的天气；当暖气团向北移行至另一地区时，不仅会使这个地区变暖，且由于气团底部变冷，会使该地上空气层的稳定度增大，产生稳定性天气（如平流雾、低云和毛毛雨）。但冷、暖气团的天气特征在不同季节、不同地区有相当大的差别。例如，夏季暖空气，如遇外力抬升，可出现阵雨、雷暴等不稳定天气；冬季的冷气团，如果气层稳定，逆温深厚，也可以产生稳定性天气。

我国大部分处于中纬度地区，冷、暖气流交绥频繁，缺少气团形成的环流条件；同时，地表性质复杂，没有大范围均匀的下垫面可作气团源地，因而，活动在我国境内的气团，大多是从其他地区移来的变性气团，其中最主要的是极地大陆气团和热带海洋气团。

冬半年通常受极地大陆气团影响，它的源地在西伯利亚和蒙古，我们称之为西伯利亚气团。这种气团的地面流场特征为很强的冷性反气旋，中低空有下沉逆温，它所控制的地区，天气干冷。当它与热带海洋气团相遇时，在交界处则能构成阴沉多雨的天气，冬季华南常见到这种天气。热带海洋气团可影响到华南、华东和云南等地，其他地区除高空外，它一般影响不到地面。北极气团也可南下侵袭我国，造成气温急剧下降的强寒潮天气。

夏半年，西伯利亚气团在我国长城以北和西北地区活动频繁，它与南方热带海洋气团交绥，是构成我国盛夏南北方区域性降水的主要原因。热带大陆气团常影响我国西部地区，被它持久控制的地区，就会出现严重干旱和酷暑。来自印度洋的赤道气团，可造成长江流域以南地区大量降水。

春季，西伯利亚气团和热带海洋气团两者势力相当，互有进退，因此是锋系及气旋活动最盛的时期。

秋季，变性的西伯利亚气团占主要地位，热带海洋气团退居东南海上，我国东部地区在单一的气团控制下，出现全年最宜人的秋高气爽的天气。

第三节　大气中的锋与天气

　　锋是冷暖气团之间的狭窄、倾斜过渡地带。因为不同气团之间的温度和湿度有相当大的差别，而且这种差别可以扩展到整个对流层，当性质不同的两个气团，在移动过程中相遇时，它们之间就会出现一个交界面，叫做锋面。锋面与地面相交而成的线，叫做锋线。一般把锋面和锋线统称为锋。所谓锋，也可理解为两种不同性质的气团的交锋。由于锋两侧的气团性质上有很大差异，所以锋附近空气运动活跃，在锋中有强烈的升降运动，气流极不稳定，常造成剧烈的天气变化。因此，锋是重要的天气系统之一。

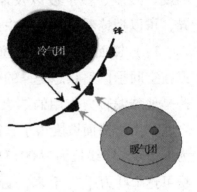

锋的形成

　　锋是三维空间的天气系统。它并不是一个几何面，而是一个不太规则的倾斜面。它的下面是冷空气，上面是暖空气。由于冷空气比暖空气重，因而，它们的交接地带就是一个倾斜的交接地区。这个交接地区靠近暖气团一侧的界面叫锋的上界，靠近冷气团一侧的界面叫锋的下界。上界和下界的水平距离称为锋的宽度。

锋面

它在近地面层中宽约数十千米，在高层可达 200 ~ 400 千米。而这个宽度与其水平长度相比（长达数百到数千千米）是很小的。因此，人们常把它近似地看成一个面，称为锋面。锋面与空中某一平面相交的区域称为锋区（上界和下界之间的区域）。

一、锋面的特征

锋是两种性质不同的气团相互作用的过渡带，因而锋两侧的温度、湿度、稳定度以及风、云、气压等气象要素具有明显差异，可以把锋看成是大气中气象要素的不连续面。

（1）锋面有坡度：锋面在空间向冷区倾斜，具有一定坡度。锋在空间呈倾斜状态是锋的一个重要特征。锋面坡度的形成和保持是地球偏转力作用的结果。一般锋面的坡度约在 1/50 ~ 1/200 之间，由于锋面坡度很小，锋面所遮掩的地区必然很大。如坡度为 1/100，锋线长为 1000 千米、高为 10 千米的锋，其掩盖的面积可达 100 万平方千米；由于有坡度，可使暖空气沿倾斜面上升，为云雨天气的形成提供有利条件。

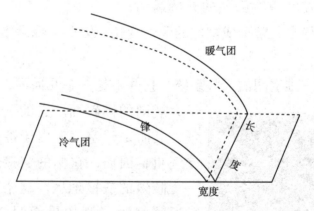

锋面坡度

（2）气象要素有突变：气团内部的温、湿、压等气象要素的差异很小，而锋两侧的气象要素的差异很大。

①温度场：气团内部的气温水平分布比较均匀，通常在100千米内的气温差为1℃，最多不超过2℃。而锋附近区域内，在水平方向上的温度差异非常明显，100千米的水平距离内可相差近10℃，比气团内部的温度差异大5~10倍；在垂直方向上，气团中温度垂直分布是随高度递减的。然而锋区附近，由于下部是冷气团，上部是暖气团，锋面上下温度差异比较大，锋面往往是逆温层。

②气压场：锋面两侧是密度不同的冷、暖气团，因而锋区的气压变化比气团内部的气压变化要大得多。锋附近区域气压的分布不均匀，锋处于气压槽中，等压线通过锋面有指向高压的折角，或锋处于两个高压之间气压相对较低的地区，等压线几乎与锋面平行。

③锋附近风场：风在锋面两侧有明显的逆向转变，即由锋后到锋前，风向呈逆时针方向变化。

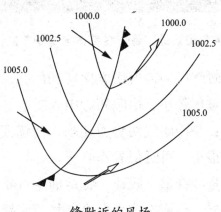

锋附近的风场

（3）锋面附近天气变化剧烈：由于锋面有坡度，冷暖空气交绥，暖空气可沿坡上升或被迫抬升，且暖空气中含有较多的水汽，因而，空气绝热上升，水汽凝结，易形成云雨天气。由于锋面是各种气象要素水平差异较大地区，能量集中，天气变化剧烈。所以，锋是天气变化剧烈的地带。

二、锋的类型

关于锋的分类，目前主要有两种分类方法：

（1）根据锋面两侧冷暖气团的移动方向及结构状况，锋可以分为下列4种。

①冷锋：是冷气团向暖气团方向移动的锋。暖气团被迫而上滑，锋面坡度较大，冷暖两方中，冷气团占主导的地位。

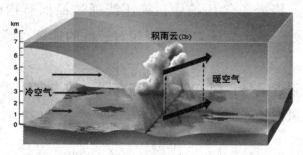

冷气团向暖气团前进，逼使暖气团穿过冷气团，形成冷锋

②暖锋：是暖气团向冷气团方向移动的锋。暖气团沿冷气团向上滑升，锋面坡度较小，冷暖两方中，暖空气占据主导地位。

③准静止锋：是冷暖气团势力相当，使锋面呈来回摆动，这种锋的移动速度很小，可近似看作静止。

④锢囚锋：是冷锋追上暖锋，将地面空气挤至空中，地面完全为冷空气所占据，造成冷锋后面冷空气与暖锋前部的冷空气相接触的锋面。如果前面的冷气团比较暖湿，后面的冷气团比较寒干，则后面的冷气团就楔入前面冷气团的底部，形成冷锋式锢囚

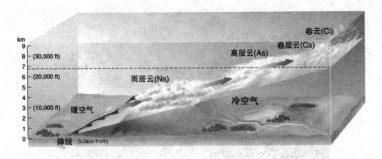

暖气团向冷气团前进，跨越冷气团并滑行向上，形成暖锋

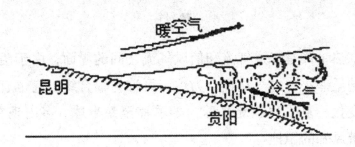

昆明准静止锋示意图

39

锋；如果后面的冷空气不如前面的冷空气那样冷而干，则后面相对暖的冷气团会滑行于前面冷气团之上，形成暖式锢囚锋。

在冷式锢囚情况下，暖锋脱离地面，成为高空暖锋，位在锢囚锋之后面；在暖式锢囚情况下，冷锋离开地面，成为高空冷锋，位在锢囚锋的前面。

（2）按照锋所处的地理位置，从北到南分为：北极（冰洋）锋、温带锋（极锋）、热带锋。

①冰洋锋是冰洋气团和极地气团之间的界面，处于高纬地区，势力较弱，位置变化不大。

②极锋是极地气团和热带气团之间的界面，冷暖交绥强烈，位置变化大，对中纬地区影响很大。

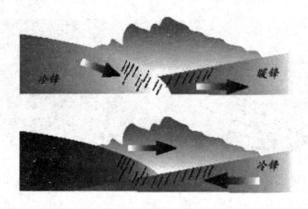

锢囚锋

③热带锋是赤道气流和信风气流之间的界面，由于两种气流之间的温差小，以气流辐合为主，可称为辐合线。它也有位置的季节变化，夏季移至北半球，冬季移至南半球。多出现在海上，是热带风暴的源地。

此外，还有处于空中的副热带锋，处于特定条件下的地中海锋等。

三、冷锋与冷锋云系

冷锋是冷气团向暖气团方向移动形成的锋面。根据冷气团移动的快慢不同，冷锋又分为两类：移动慢的叫第一型冷锋或缓行冷锋，移动快的叫第二型冷锋或急行冷锋。

（1）第一型冷锋：这种锋面处于高空槽线前部，多稳定性天气。这种锋移动缓慢，锋面坡度不大（约1/100），锋后冷空气迫使暖空气沿锋面平稳地上升，当暖空气比较稳定，水汽比较充沛时，会形成与暖锋相似的范围比较广阔的层状云系，只是云系出现在锋线后面，而且云系的分布次序与暖锋云系相反，降水性质与暖锋相似，在锋线附近降水区内还常有层积云、碎雨云形成。降水区出现在锋后，多为稳定性降水。如果锋前暖空气不稳定时，在地面锋线附近也常出现积雨云和雷阵雨天气。夏季，在我国西北、华北等地，以及冬季在我国南方地区出现的冷锋天气多属这一类型。

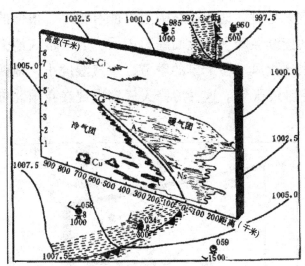

第一型冷锋天气模型

（2）第二型冷锋：这是一种移动快、坡度大（1/40～1/80）的冷锋。锋后冷空气移动速度远较暖气团快，它冲击暖气团并迫使其强烈上升。而在高层，因暖气团移速大于冷空气，出现暖空气沿锋面下滑现象，由于这种锋面处于高空槽后或槽线附近，更加强了锋线附近的上升运动和高空锋区上的下沉运动。夏季，在这种冷锋的地面锋线附近，一般会产生强烈发展的积雨云，出现雷暴、甚至冰雹、飑线等对流性不稳定天气。而高层锋面上，则往往没有云形成。所以第二型冷锋云系呈现出沿着锋线排列的狭长的积状云带，好似一道宽度约有10千米，高达10多千米的云堤。在地面锋线前方也常常出现高层云、高积云、积云。这种冷锋过境时，往往乌云翻滚，狂风大作，电闪雷鸣，大雨倾盆，气象要素发生剧变。这种天气历时短暂，锋线过后，天空豁然晴朗。在冬季，由于暖气团湿度较小，气温不可能发展成强烈不稳定天气，只在锋线前方出现卷云、卷层云、高层云、雨层云等云系。当水汽充足时，地面锋线附近可能有很厚、很低的云层，和宽度不大的连续性降水。地面锋过境后，云层很快消失，风速增大，并常出现大风。在干旱的季节，空气湿度小，地面干燥、裸露，还会有沙暴天气。这种冷锋天气多出现在我国北方的冬、春季节。

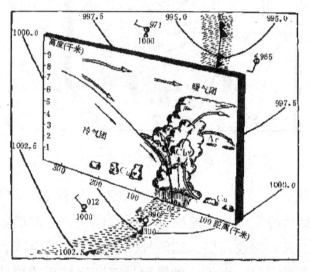

第二型冷锋天气模式

冷锋在我国活动范围甚广，几乎遍及全国，尤其在冬半年，北方地区更为常见，它是影响我国天气的最重要的天气系统之一。冬季我国大陆上空气干燥，冷锋大多从俄罗斯、蒙古进入我国西北地区，然后南下，从西伯利亚带来的冷空气与当地较暖的空气相遇，在锋面上很少形成降水，所以，冬季寒潮冷锋过境时，只形成大风降温天气。冬季时多二型冷锋，影响范围可达华南，但移到长江流域和华南地区后，常常转变为一型冷锋或准静止锋。夏季时多一型冷锋，影响范围较小，一般只达黄河流域，我国北方夏季雷阵雨天气和冷锋活动有很大的关系。

四、暖锋与暖锋云系

当暖气团前进，冷气团后退，这时形成的锋面为暖锋。暖锋的坡度很小，约为 1/150。由于暖空气一般都含有比较多的水汽，且又是起主导作用，主动上升前进，在冷气团之上慢慢地向上滑升可以达到很高的高度，暖空气在上升过程中绝热冷却，达到凝结高度后，在锋面上便产生云系。如果暖空气滑升的高度足够高，水汽又比较充沛时，暖锋上常常出现广阔的、系统的层状云系。云系序列为：卷云，卷层云，高层云，雨层云。云层的厚度视暖空气上升的高度而异，一般情况下可达几千米，厚者可达对流层顶，而且愈接近地面锋线云层愈厚。暖锋降水主要发生在雨层云内，是连续性降水，降水宽度随锋面坡度大小而有变化，一般约 300～400 千米。暖锋云系有时因为空气湿度和垂直速度分布不均匀而造成不连续，可能出现几十千米，甚至几百千米的无云空隙。

在暖锋锋下的冷气团中，由于空气比较潮湿，在气流辐合作用和湍流作用下，常产生层积云和积云。如果从锋上暖空气中降下的雨滴在冷气团内发生蒸发，使冷气团中水汽含量增多，达到饱和时，会产生碎积云和碎层云。如果这种饱和凝结现象出现在锋线附近的地面层时，将形成锋面雾。以上是暖锋天气的一般情况，但是在夏季暖空气不稳定时，也可能出现积雨云、雷雨等阵性降水。在春季暖气团中水汽含量很少时，则仅仅出现一些高云，很少有降水。

明显的暖锋在我国出现得较少，大多伴随着气旋出现。春秋季一般出现在江淮流域和东北地区，夏季多出现在黄河流域。

五、准静止锋与连阴雨

很少移动或移动缓慢的锋叫准静止锋。它的两侧冷暖气团往往形成"对峙"状态，暖气团前进，为冷气团所阻，暖气团被迫沿锋面上滑，情况与暖锋类似，出现的云系与暖锋云系大致相同。由于准静止锋的坡度比暖锋还小，沿锋面上滑的暖空气可以伸展到距离锋线很远的地方，所以云区和降水区比暖锋更为宽广。但是降水强度小，持续时间长，可能造成"霪雨霏霏、连日不开"的连阴雨天气。

准静止锋天气一般分为 2 类：①云系发展在锋上，有明显的降水。例如，我国华南准静止锋，大多是由于冷锋减弱演变而成，天气和第一型冷锋相似，只是锋面坡度更小，云区、降水区更为宽广，其降水区并不限于锋线地区，可延伸到锋面后很大的范围内，降水强度比较小，为连续性降水。由于准静止锋移动缓慢，并常常来回摆动，使阴雨天气持续时间长达 10 天至半个月，甚至一个月以上，"清明时节雨纷纷"就是江南地区这种天气的写照。这种阴雨天气，直至该准静止锋转为冷锋或暖锋移出该地区或锋消失以后，天气才能转晴。初夏时，如果暖气团湿度增大，低层升温，气层可能呈现不稳定状态，锋上也可能形成积雨云和雷阵雨天气。②主要云系发展在锋下，并无明显降水的准静止锋，例如昆明准静止锋，它是南下冷空气为山所阻而呈静止状态，锋上暖空气干燥而且滑升缓慢，产生不了大规模云系和降水，而锋下的冷空气沿山坡滑升和湍流混合作用，在锋下可形成

44

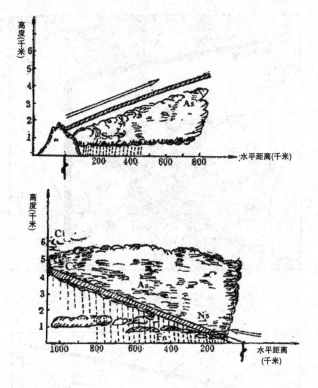

准静止锋云系

不太厚的雨层云，并常伴有连续性降水。

　　我国准静止锋主要出现在华南、西南和天山北侧，出现时间多在冬半年，对这些地区及其附近天气的影响很大。

六、锢囚锋与天气

　　锢囚锋是由冷锋赶上暖锋或两条冷锋相遇，把暖空气抬到高空，由原来锋面合并形成的新锋面。它的天气保留着原来锋面天气的特征。例如，锢囚锋是由具有层状云系的冷、暖锋并合而成，则锢囚锋的云系也是层状云，并分布在锢囚点的两侧。如果原来冷锋上是积状云，那么锢囚后，积状云与暖锋的层状云相

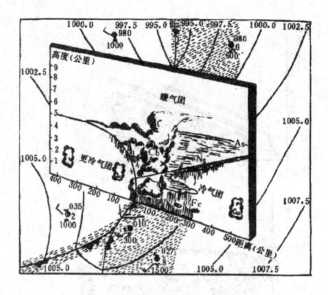

冷锋锢囚锋天气模式

46

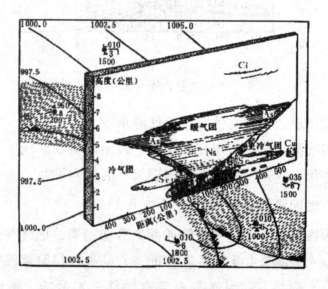

暖锋锢囚锋天气模式

连。锢囚锋的降水不仅保留着原来锋段降水的特点，而且由于锢囚作用，上升运动进一步发展，暖空气被抬升到锢囚点以上，使云层变厚、降水增加、降水区扩大。锢囚点以下的锋段，根据锋是暖式或冷式锢囚锋而出现相应的云系。锢囚锋过境时，出现与原来锋面相联系而更加复杂的天气。

我国锢囚锋主要出现在锋面频繁活动的东北、华北地区，以春季最多。东北地区的锢囚锋大多由蒙古、俄罗斯移来，多属冷式锢囚锋。华北锢囚锋多在本地生成，属暖性锢囚锋。

第四节　气旋与反气旋

大气中存在着各种大型的旋涡运动，有的呈逆时针方向旋转，有的呈顺时针方向旋转；有的一面旋转一面向前运动，有的却停留原地少动；有的随生随消，有的却出现时间相当长。它们就像江河里的水的旋涡一样。这些大型旋涡在气象学上称为气旋和反气旋。

气旋和反气旋是常见的天气系统，它们的活动对高低纬度之间的热量交换和各地的天气变化有很大的影响。

一、气旋和反气旋的特征

气旋是中心气压比四周低的水平旋涡。在北半球，气旋区域内空气作逆时针方向流动，在南半球则相反；反气旋是中心气压高四周气压低的水平旋涡。在北半球，反气旋区域内的空气作顺时针方向流动，在南半球则相反。气旋和反气旋一般也称低压和高压。

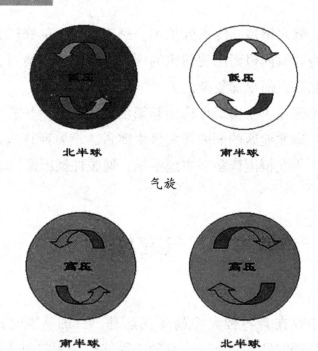

北半球   南半球

气旋

南半球   北半球

反气旋

48

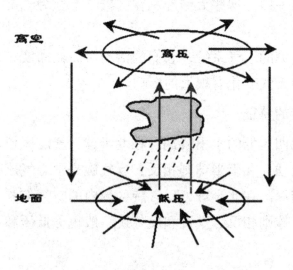

北半球气旋

在低层大气里，特别是在近地面附近，风向与等压线斜交，所以气旋在北半球是一个按逆时针方向旋转向中心汇集的气流系统；在南半球是按顺时针方向旋转向中心汇集的气流系统。由于气流从四面八方在气旋中心相汇，必然产生上升运动，气流升至高空又向四周流出，这样才能保证低层大气不断地从四周向中心流入，气旋才能存在和发展。所以气旋的存在和发展必须有一个由水平运动和垂直运动所组成的环流系统。因为在气旋中心是垂直上升气流，如果大气中水汽含量较大，就容易产生云雨天气。所以每当低气压（或气旋）移到本区时，云量就会增多，甚至出现阴天降雨的天气。

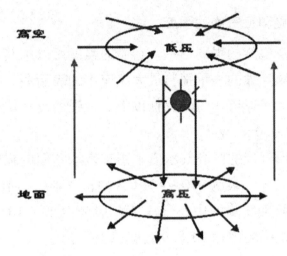

北半球反气旋

在低压层大气里，特别是在近地面附近，因为反气旋的气流是由中心旋转向外流动，所以，在反气旋中心必然有下沉气流，以补充向四周外流的空气。否则，反气旋就不能存在和发展，所以反气旋的存在和发展必须具备一个垂直运动与水平运动紧密结合的完整的环流系统。由于在反气旋中心是下沉气流，不利于云雨的形成，所以，在反气旋控制下的天气一般是晴朗无云。若是在夏季，则天气炎热而干燥。如果反气旋长期稳定少动，则常出现旱灾。我国长江流域的伏旱，就是在副热带反气旋长期控制下造成的。冬季，反气旋来自高纬大陆，往往带来干冷的气流，严重者可成为寒流。

气旋的直径一般为 1000 千米，大的可达 2000～3000 千米，小的只有 200～300 千米或者更小一些。反气旋大的可以和最大的大陆和海洋相比（如冬季亚洲的反气旋，往往占据了整个亚洲大陆面积的 3/4），小的直径也可达数百千米。

二、气旋和反气旋的强度

气旋和反气旋的强弱不一。它们的强度可以用其最大风速来度量：最大风速大的表示强，最大风速小的表示弱。在强的气旋中，地面最大风速可达 30 米/秒以上。在强的反气旋中，地面最大风速为 20～30 米/秒。

气旋和反气旋的中心气压值常用来表示它们的强度。地面气旋的中心气压值一般为 970～1010 百帕，个别中心值有低于 930 百帕的。地面反气旋的中心气压值一般为 1020～1030 百帕，冬季寒潮高压最强的曾达 1078.9 百帕以上。

三、气旋和反气旋的分类

气旋和反气旋的分类方法比较多，按其生成的地理位置，气旋可分为温带气旋和热带气旋；反气旋可分为温带反气旋、副热带反气旋和极地反气旋。

按照结构的不同，温带气旋可分为锋面气旋、无锋面气旋；反气旋可分为冷性反气旋（或冷高压）和暖性反气旋（或暖高压）。

气旋之间，并不存在不可逾越的鸿沟。不同类型的气旋和反气旋，在一定条件下会互相转化。如锋面气旋可因一定条件转化为无锋面气旋（冷涡），无锋面气旋（热低压）可因一定条件转化为锋面气旋；冷性反气旋也可转化为暖性反气旋。气旋、反气旋都应看作是有条件的、可变动的、互相转化的。

气旋与反气旋天气，可以看成是以气旋和反气旋的空气运动特征为背景的气团天气与锋面天气的综合。

四、锋面气旋天气特征

锋面气旋天气是由各方面的因素决定的。锋面气旋的中部和前部在对流层中、下层主要以辐合上升气流占优势，但由于上升气流的强度和锋面结构各有差异，同时，由于季节和地面特征的不同，组成气旋的各个气团的属性也有所区别。因此锋面气旋的天气特征不仅是复杂的，而且随着发展阶段、季节和地区的不同而有差异。要给出锋面气旋在各种情况下的具体天气特征，确实有一定困难，同时也过于烦琐。但只要牢牢掌握住各种锋面、气团所具有的天气特征，各种天气现象（如云、雨和风等）的成因及气旋各部位流场的情况，那么由锋面气旋带来的各种天气现象就不难推断出来。

为了便于了解典型气旋的具体天气特征，现分阶段来讨论。

锋面气旋在波动阶段强度一般较弱，坏天气区域不广。暖锋前会形成雨层云，伴有连续性降水及较坏的能见度，云层最厚的地方在气旋中心附近。当大气层结构不稳定时，如夏季，暖锋上也可出现雷阵雨天气。在冷锋后，大多数是第二型冷锋天气。在气旋的暖区，如果是热带海洋气团，水汽充沛，则易出现层云、层积云，有时可出现雾和毛毛雨等天气现象。如果是热带大陆气团，则由于空气干燥，无降水，最多只有一些薄的云层。

当锋面气旋处于发展阶段时，气旋区域内的风速普遍增大，气旋前部具有暖锋云系和天气特征。云系向前伸展很远，尤其靠近气旋中心部分，云区最宽，离中心愈远，云区愈窄。气旋后部的云系和降水特征是属于第一型冷锋还是第二型冷锋，则要视高空槽与地面锋线的配置情况及锋后风速分布情况而定。若高空槽在地面锋线的后面，地面上垂直于锋的风速小，则属于第一型冷锋；若地面锋位于高空槽线附近或后部，则属于第二型冷锋。

当锋面气旋发展到锢囚阶段时，气旋区内地面风速较大，辐合上升气流加强，当条件充足时，云和降水天气加剧，云系比较对称地分布在锢囚锋的两侧。

当锋面气旋进入消亡阶段，云和降水也就开始减弱，云底抬高。以后，随着气旋消亡，云和降水区也就逐渐减弱消失了。

以上所讲都是假定气团为热力稳定时的情况，如气团处于热力不稳定时，则在气旋各个部位，都可能有对流性天气发生，特别在暖区，还可产生暴雨。

五、反气旋的天气特征

反气旋的天气由于所处的发展阶段、气团性质和所在地理环境的不同而具有不同的特点。同时对某一个反气旋而言，随着反气旋结构变化、气团变性，天气情况也在变化。

反气旋的中、下层，因有显著的辐散下沉运动，尤其在反气旋中心的前方冷平流最强的区域，下沉运动最强，所以天气情况比气旋中要好些，一般说来，常是晴朗天气。同时反气旋是由单一气团组成，而且近地面层有明显的辐散，所以反气旋内天气分布比较均匀。由于在反气旋区域内，近地面没有锋存在，所以气团特性和反气旋天气具有紧密关系，但在其不同部位天气也有所不同。通常在反气旋的中心附近，下沉气流强，天气晴朗。有时

52

在夜间或清晨还会出现辐射雾，日出后逐渐消散。如果有辐射逆温或上空有下沉逆温或两者同时存在时，逆温层下面聚集了水汽和其他杂质，低层能见度较坏。当水汽较多时，在逆温层下往往出现层云、层积云，毛毛雨及雾等天气现象。在逆温层以上，能见度很好，碧空无云。反气旋的外围往往有锋面存在，边缘部分的上空有锋面逆温。反气旋的东部或东南部，因接近冷锋，常有较大的风力或较厚的云层，甚至有降水；西部和西南部，冷锋往往处在高空槽前，上空就有暖湿空气滑升，而有暖锋前天气。

规模较小的位于两个气旋之间的反气旋天气是：前部具有冷锋后部的天气特征，后部具有暖锋后部的天气特征。

规模特大而强的冷性反气旋（即所谓寒潮高压），从西伯利亚和蒙古侵入我国时，能带下大量的冷空气，使所经之地，气温骤降，风速猛增，一般可达 10～20 米/秒，有时甚至可达 25 米/秒以上。

六、气旋族

在温带地区，有时在一条锋上会出现一连串的气旋，沿锋线顺次移动，最先一个可能已经锢囚，其后跟着一个发展成熟的气旋，再后面跟一个初生气旋等等。这种在同一条锋上出现的气旋序列，称为气旋族。

我国境内出现较少，单个气旋入海后在海上常有气旋族发展，欧洲单个气旋较少，而气旋族却常见。在中纬度的高空，像锁链一样的气旋一个挨着一个，首尾相接，一直延伸到高纬度地区，景色非常美丽壮观。

每一族的气旋个数不等，多达 5 个，少则 2 个。一般北半球常有 4 个气旋族同时存在。每一个气旋族都与一个高空大槽相对

气旋族

应，而气旋族中的每一个气旋都和大槽槽前的一个短波槽相对应。

我国东北低压、蒙古气旋、黄河气旋、江淮气旋和东海气旋等，都属于温带气旋。它们的活动对东北、华北地区和江淮流域的天气有很大的影响。

54

第五节　寒潮

大气中冷高压的活动相当频繁，强烈的冷高压活动带来强冷空气侵袭，如同寒冷的潮流滚滚而来，给我国广大地区带来剧烈降温、霜冻、大风等灾害性天气。这种大范围的强烈的冷空气活动，称为寒潮。寒潮天气过程是一种大规模的强冷空气活动过程，它能导致河港封冻、交通中断，牲畜和早春晚秋作物受冻，但它也有利于小麦灭虫越冬，盐业制卤等。

影响我国的冷空气的源地有以下几个：第一个是在新地岛以西的洋面上，冷空气经巴伦支海、俄罗斯、欧洲进入我国。它出现的次数最多，达到寒潮强度的也最多。第二个是在新地岛以东的洋面上，冷空气大多数经喀拉海、太梅尔半岛、俄罗斯进入我国。它出现的次数虽少，但是气温低，可达到寒潮强度。第三个是在冰岛以南的洋面上，冷空气经俄罗斯、欧洲南部或地中海、黑海、里海进入我国。它出现的次数较多，但是温度不很低，一般达不到寒潮强度，但如果与其他源地的冷空气汇合后也可达到寒潮强度。

冷空气从关键区入侵我国有 4 条路径：

（1）西北路（中路），冷空气从关键区经蒙古到达我国河套附近南下，直达长江中下游及江南地区。循这条路径下来的冷空气，在长江以北地区所产生的寒潮天气以偏北大风和降温为主，到江南以后，则因南支锋区波动活跃可能发展伴有雨雪天气。

（2）东路，冷空气从关键区经蒙古到我国华北北部，在冷空气主力继续东移的同时，低空的冷空气折向西南，经渤海侵入华北，再从黄河下游向南可达两湖盆地。循这条路径下来的冷空气，常使渤海、黄海、黄河下游及长江下游出现东北大风，华北、华东出现回流，气温较低，并有连阴雨雪天气。

（3）西路，冷空气从关键区经新疆、青海、西藏高原东南侧南下，对我国西北、西南及江南各地区影响较大，但降温幅度不大，不过当南支锋区波动与北支锋区波动同位相而叠加时，亦可以造成明显的降温。

（4）东路加西路，东路冷空气从河套下游南下，西路冷空气从青海东南下，两股冷空气常在黄土高原东侧，黄河、长江之间汇合，汇合时造成大范围的雨雪天气，接着两股冷空气合并南下，出现大风和明显降温。

我国冬半年的全国性寒潮平均每年约有 3～4 次，还有约 2 次仅影响长江以北的北方寒潮或仅影响长江以南的南方寒潮。但各年之间差异很大，全国性寒潮多者达 5 次，少者 1 次也没有。但是一般强度的冷空气则活动十分频繁，冬半年平均每 3~4 天就有一次冷空气活动。

寒潮活动的年变化也很明显。3~4 月是寒潮活动额数的最高峰，11 月是次峰。这是因为春秋两季是过渡季节，西风带环流处于转换期内，调整和变动都很剧烈，特别是春天，低层比高层增暖大得多，有助于地面低压强烈发展，从而促使风力增强，温度变化也剧烈。隆冬季节，虽然冷空气供应充足，活动频繁，但是天气形势变化较小，因而南下的冷空气往往达不到寒潮的强度。

全国性寒潮一般于 9 月下旬开始活动，一直到第二年 5 月才结束。每一次寒潮从爆发到结束（移出我国），约需要 3~4 天，但也有一些寒潮，待冷锋过后，北方又有一股更冷的冷空气补充南下，气温持续下降，这样总的历时可达 7~10 天。

寒潮冷空气堆的厚度可达 7~8 千米，向东南或南方爆发时，冷空气堆就以扇形向东南或南方扩展。

寒潮是大规模的强冷空气活动，因而寒潮侵袭时，引起流经地区产生剧烈降温、大风和降水天气现象。在不同季节、不同地区寒潮天气也有不同。冬半年，寒潮天气的突出表现是大风和降温。大风出现在寒潮冷锋之后，风速一般可达 5~7 级，海上可达 6~8 级，有时出现 12 级大风，大风持续时间多在 1~2 天。大风强度以我国西北、内蒙古地区为最强，在我国北方为西北风，中部为偏北风，南方为东北风。

寒潮冷锋过境后，气温猛烈下降，降温可持续 1 天到几天。西北、华北地区降温较多，中部、南部由于冷空气南移变性，降温有所减少。降温还可引起霜冻、结冰。

降水主要产生在寒潮冷锋附近。在我国淮河以北，由于空气比较干燥，很少降水，有时偶有降雪。淮河以南，暖空气比较活跃，含有水分较多，降水机会增多，尤其当冷锋速度减慢或在长江以南准静止时，能产生大范围的时间较长的降水。春、秋季时，寒潮天气除大风和降温外，北方常有扬沙、沙暴现象，降水机会也较冬季增多。

第六节　副热带高压

在南北半球的副热带地区，经常维持着沿纬圈分布的不连续的高压带，这就是副热带高压带，由于海陆的影响，常断裂成若干个高压单体，这些单体统称为副热带高压。在北半球，它主要出现在太平洋、印度洋、大西洋和北非大陆上。出现在西北太平洋上的副热带高压称之为西太平洋高压，其西部的脊在夏季可伸入我国大陆。在这里，我们只讨论这一副高单体。

副热带高压是制约大气环流变化的重要成员之一，是控制热带、副热带地区的持久的大型天气系统之一。它对西太平洋和东亚地区的大气变化有极其密切的关系，且是最直接地控制和影响台风活动的最主要的大型天气系统。

一、太平洋副热带高压

多年观测事实表明，太平洋副热带高压是常年存在的，它是一个稳定而少动的暖性深厚系统。其强度和范围，冬夏都有很大不同，夏季，太平洋副热带高压特别强大，其范围几乎占整个北半球面积的 $1/5 \sim 1/4$。冬季，强度减弱，范围也缩小很多。太平洋副热带高压多呈东西扁长形状，中心有时有数个，有时只有一个。一般冬季多为两个中心，分别位于东、西太平洋。西太平洋副热带高压除在盛夏偶有南北狭长的形状外，一般长轴都呈西西南—东东北走向。

副热带高压脊呈西西南—东东北走向，在 500 百帕以下各层都较一致，但其脊线的纬度位置随高度有很大变化。冬季，从地面向上，副热带高压脊轴线随高度向南倾斜，到 300 百帕以后，转为向北倾斜；夏季，对流层中部以下，多向北倾斜，向上则约呈垂直，到较高层后又转为向南倾斜。但位于 140°E（海洋上）的副热带高压脊轴线在低层随高度仍然是向南倾斜的。这是因为海洋上的热源或最暖区位于副热带高压的南方，而大陆上的热源或最暖区却位于副热带高压的北方。因此在 500 百帕以下的低层，海洋上副热带高压脊轴线随高度往南偏移，而大陆上则往北偏移。这显示了热力因子对副热带高压结构的影响。

副热带高压脊的强度总的看来是随高度增强的。但由于海、陆之间存在着显著的温度差异，使 500 百帕以上的情况就不大相同。夏季，大陆上及接近大陆的海面上温度较高，所以位于该地区上空的高压随高度迅速增强，而位于海洋上空的高压则不然，其在 500 百帕以上各层表现得比大陆上的弱得多。至 100 百帕上，太平洋副热带高压已主要位于沿海岸及大陆上空，与地面图比，形势完全改观。通常所说的太平洋副热带高压脊主要是指 500 百帕及其以下的情况。

在对流层内，高压区与高温区的分布基本上是一致的。每一个高压单体都有暖区配合，但它们的中心并不一定重合。在对流层顶和平流层的低层，高压区则与冷区相配合。

二、太平洋副热带高压的结构

太平洋副热带高压脊中一般较为干燥。在低层，最干区偏于脊的南部，且随高度向北偏移，到对流层中部时，最干区基本与脊线相重合。

因此，在夏季，当副热带高压西伸进我国大陆时，往往会造成长时间的高温干旱天气。

另外在副高的南北两缘有湿区分布，主要湿舌从大陆高压脊的西南缘及西缘伸向高压的北部。

太平洋副热带高压脊线附近气压梯度较小，平均风速也较小，而其南北两侧的气压梯度较大，水平风速也较大。又因为太平洋副热带高压是随高度增强的暖性深厚系统，故其两侧的风速必然也随高度而增大，到一定高度上便形成急流。其北侧为西风急流，南侧为东风急流。

当太平洋副热带高压脊作南北移动时，西风急流与东风急流的位置、强度、高度都会发生很大的变化。

在卫星云图上，副热带高压主要表现为无云区或少云区，无云区的边界一般较明显。副热带高压脊线一般位于北方锋面云带伸出来的枝状云的末端；或是在副高西部洋面上常有一条条呈反气旋曲率的积云线时，500百帕副高脊线常位于积云线最大反气旋曲率北边 1～2 个纬度处。副高脊线附近也常有太阳耀斑区存在。副高西部常有的一些呈反气旋性曲率的积云线，常可维持 2～3 天。当副热带高压强度减弱时，低层常有大范围的对流云发展，有时甚至可出现一些小尺度的气旋性涡旋云系（常出现在副高南侧东风气流里）。这些云系在天气图上常反映不出来，但其出现对副热带高压强度减弱有一定的预报意义。另外，当强冷锋入海后，冷锋云系的残余常可伸入到副热带高压内部，甚至越过副热带高压进入低纬度，这在春秋季节发生较多。

三、西太平洋副热带高压的活动特点

副高内的天气，由于盛行下沉气流，以晴朗、少云、微风、炎热为主。高压的西北部和北部边缘，因与西风带交界，受西风带锋面、气旋活动的影响，上升运动强烈，水汽也较丰富，多阴雨天气。高压南侧是东风气流，晴朗少云，低层湿度大、闷热。但当有台风、东风波等热带天气系统活动时，可能产生大范围暴雨带和中小尺度的雷阵雨及大风天气。高压东部受北来冷气流的影响，形成的逆温层低，是少云干燥的天气，长期受其控制的地区，因久旱无雨，可能出现干旱，甚至变成沙漠气候。

副高的强度、范围、位置和形状有着明显的季节和短期变化，虽然各个地区副高变化的程度有所不同。下面我们主要介绍西太平洋副高的活动特征。

西太平洋副高的位置有多年变化的表现。据分析，1880～1890年，副高中心偏向平均位置的东南；1900～1920年却偏向西北；1920～1930年又偏向东南，这种副高中心位置的变动，必然会引起东亚，甚至全球性的气候变化。

西太平洋副高的季节性活动，具有明显的规律性，冬季时，西太平洋副高脊线一般位于北纬15°附近，随着季节的转暖，脊线缓慢北移，到6月中下旬，脊线迅速北跳，稳定于北纬20°～30°间。至7月上中旬，脊线再次北跳，跃到北纬25°以北地区，以后就摆动在北纬25°～30°之间，7月底到8月初，脊线跨越北纬30°，到达最北的位置。从9月起，脊线开始自北、向南退缩，9月上旬脊线第一次回跳到北纬25°附近，10月上旬再次跳到北

60

纬20°以南地区，从此结束了以一年为周期的季节性南北移动。副高的这种季节性移动并不是匀速进行的，而表现出有时稳定少动，有时缓慢移动，有时突发跳跃的方式，而且北进持续的时间比较久，速度比较缓慢，而南退经历的时间短、速度比较快，这是副高季节变动的一般规律，在个别年份，副高的活动可能有明显出入。西太平洋副高的北进、南退，同其他地区副高的南北移动大体是一致的，只是移动的幅度更大一些。

西太平洋副高还有短期活动的变化，主要表现在北进中有短暂的南退，南退中有短暂的北进，而且北进常常同西伸相结合，南退与东退相结合。这种短期变化持续的时间长短不一，如果以一个进退作为一个周期，则比较长的周期可达15天左右，短的仅2~3天。长周期活动和短周期活动往往同时出现，而且彼此相互联系、相互影响。西太平洋副高的短期变化，大多是副高周围的天气系统活动所引起的。例如，夏季青藏高压、华北高压东移并入西太平洋副高时，副高产生明显西伸，甚至北跳；而当台风移至西太平洋副高的西南边缘时，副高开始东退；台风沿副高西部边缘北移时，高压继续东退；当台风越过副高脊线进入西风带时，副高又开始西伸。西风带的短波槽脊活动，对西太平洋副高的短期变化的影响也很显著，当副高强大时，一般小槽、小脊只能改变副高的外形，而脊线位置变化不大。但发展强大的长波槽脊，对副高的影响就十分可观了。当有大槽东移时，它能迫使副高压脊不断东退；当大槽在东亚沿海加深时，沿海副高南退，海上副高因与槽前长波脊叠加而北伸。可见周围系统同西太平洋副高是相互影响的，影响大小视周围系统与西太平洋副高的发展程度和相互对比关系而异。

第七节　预测天气

　　天气预报是气象工作为人们的社会、经济活动服务的重要手段之一，随着经济发展和技术的进步，天气预报的方法和技术水平也在逐步提高。现将天气预报的一些方法、思路、依据的原理、步骤以及天气预报的前景进行一下概括性的介绍。

一、天气图预报方法

　　天气图预报方法已有 100 多年历史，自从有电报后，各地同时间观测的气象资料能及时集中到各国的气象中心，分析出天气图。从天气图上看到一个个高、低压系统在移动着，这类天气系统在移动过程中给各地带来了天气变化。我们从天气图上分析出天气系统，预报它们在未来的移动和强度变化（包括生成和消亡），就能推论各地区未来天气的变化，这就是天气图预报方法的主要依据。

　　天气图分析正确与否，是天气图预报方法的前提。天气图预报方法首先要作出天气形势预报，即预报出天气图上已有的天气系统，它们未来的移动和强度变化，同时还要判断有无新生的天气系统产生。

　　近年来，由于电子计算机的普及，趋向于由机器作天气形势预报图，这种预报称作数值预报。数值预报的第一步要求对所预报的天气系统从生成到消亡的主要物理过程有所认识，并将其概括成一组物理定律；第二步将这组物理定律用数学方程组表达出来，并且对这个方程组用电子计算机来求解，由于电子计算机的速度和容量有限，对方程组必须作适当简化；第三步将起始时刻的各层天气图资料编入机器；第四步由机器对这组议程进行求解，便算出未来各个时刻、各个地点和各高度上的高压面高度、温度、湿度和风速矢量的三个分量的预报值。

天气形势预报图作出后，根据天气形势再作出各地区的天气（阴、晴、雨、雪和灾害性天气等）预报。

二、统计预报方法

有些单站气象要素（如最高、最低气温，云量，能见度以及某种危险天气等）的预报，不容易用天气图预报方法作出，往往采用统计预报方法。统计预报的思路是，假设 P 是我们要预报的量（例如雨量），将预报量 P 同其他一些气象要素（X_1，X_2，X_3……）进行统计分析，求出一个一元多次复相关回归方程关系式，然后根据公式来求解得出预报量。

要得到有效的统计预报结果，选择合适的预报因子非常关键。预报因子的选择，要以气象员的经验和有关预报量的天气学知识作基础，从大量气象资料中选取最有效的预报因子。我国气象台站在选预报因子时，不但根据气象员自己的经验，而且还运用群众的经验，或以它为线索选取，在选取有效的预报因子时，将预报量 P 同许多预报因子进行单相关分析，同时从天气学角度分析这种相关有没有意义。只有将这两者结合起来，才能选出有效的预报因子。

三、两种预报方法相结合

天气图预报方法，是根据起始时刻的天气图资料，确定未来任何时刻压、温、湿、风等分布的情况，这种预报在数学上也称作确定论预报。统计预报是以概率论作基础，预报量与预报因子的回归方程所示关系，在概率论上已达到某种置信的程度，因此，在大多数情况下，如果预报因子出现，预报量也就出现。从预报上讲，确定论最理想，但目前还达不到这一步，不过统计预报方法仍是很有用处的。

因此，在实际预报中，气象员一般是将这两类预报方法结合起来，取得了不错的预报效果。这种将两种预报方法相结合的方法，通常被称作由动力学预报模式得出的统计预报，简称MOS。近年来，好几个国家已采用这种预报方法，由这个方法可以作出各地的 24 小时最高、最低气温预报，12 ~ 36 小时各地降水量预报，各地能见度、云量和低云高度的预报，以及某种灾害性天气（如大风、暴雨、强雷暴）出现与不出现的判别预报。

这类预报都是直接从电子计算机作出的。所以电子计算机在作出各种天气形势预报图的同时，也给出全国选定台站的前述诸气象要素的预报。国家气象中心将天气形势预报图和 MOS 预报传给各级气象台站。台站气象员将 MOS 预报和当地所作的预报结合起来，作出较准确的预报。天气形势预报和 MOS 预报的结合可能是今后国家气象中心预报业务一个有希望的方向。

四、长期天气预报

在天气预报中，长期天气预报是气象工作者最关心的问题，如长时间旱涝或长时期酷寒和酷热等现象的预报。在天气图上表现为在较长时期中不断重复出现的同类天气过程，就是造成持久性的异常天气现象。

是什么因子使得同类天气过程不断重复出现呢？目前意见还

很不一致。有人认为太阳的变化是长期天气过程的主要外界因子，有不少长期预报方法是根据这种观点作出的。但也有人认为下垫面热力特征的异常，如海水温度、地温分布、地球表面积雪和南北极区结冰等情况的异常，是引起在某个月中或某个季节中不断重复出现同类天气过程的主要外界因子。

以上两种看法都有一定道理，但都还不能把长期天气过程的物理原因说得很清楚，其间的关系错综复杂，连一些观测事实也还不清楚，更谈不上理论方面的研究。所以，目前在长期天气预报中所使用的方法基本上是一些预报经验和统计方法。

目前许多国家的长期预报只预报未来一个月或一个季度的平均天气情况，即只预报该月或该季的温度或降水量对气候平均值的偏差，如能从历史资料中找到一个相似月份或相似季节，则可以预报在该月中各旬或该季中各月的平均天气情况，要预报未来一个月中每一天的天气，就不容易了。

五、天气预报的前景

根据大气运动可预报性的研究，对于大尺度运动，从理论讲，预报时效可以达到 2 周左右，而目前只能达到 5 ~ 7 天，可见天气预报的潜力还远没有发挥出来。因而近年来世界气象组织开展的全球大气观测计划，主要目的之一也在于提高天气预报的水平，尤其是中期预报的水平。在这方面，通过广泛的观测试验、综合分析、理论研究和数值模拟试验等工作，可望在不久的将来会有较大提高。

因为大气运动非常复杂，大气中包含有大大小小的各种运动，而人们对大气本身的运动认识还很不足，对大气外界因子的认识就更差一些，对于大气演变的规律性掌握不够，故天气预报水平不高。但是，科学总是不断地向前发展，不会永远停留在一个水平上，全世界气象观测网调度的加强、电子计算机用于天气预报、气象卫星的出现以及天气学和动力气象学的发展，都是保证天气预报水平不断提高的条件。

66

第三章　形态各异的水汽

水是一种常见的液态物质，当它受热的时候，会变成气体散逸到空气中，这种透明的无色无味的气体叫做水汽，这个由液态水变为气态水汽的过程叫做蒸发。当液态水遇冷且温度降到0℃以下时变成固态的冰，这个过程叫做冻结。在某些情况下，水到了0℃以下还保持液态，叫过冷却水，过冷却水在雨、露、霜、雪的形成中也有重要的作用。当冰遇热而温度达到0℃以上时会变成水，这个过程叫融化。在某些情况下，冰可以不经过液态而直接变为气态的水汽，这个过程叫做升华。当温度高于0℃时，气态的水汽遇冷而变成水，这个过程叫凝结；当温度低于0℃时，水汽遇冷而直接凝聚成冰晶，这个过程叫凝华。

通过蒸发、冻结、融化、升华、凝结、凝华这些物理过程，可以把地球上的水从这里搬到那里，从一种状态转变到另一种状态。雨、露、霜、雪就是通过在大气中发生的这些物理过程而产生的。

第一节　大气中的水汽

围绕地球的大气层，其主要成分是氮、氢、氧和二氧化碳，另外还有少量的氩、氨、氙、氖、氦、臭氧等气体。除此以外，大气中还含有一些水汽和固体、液体的微粒杂质。

大气中水汽并不多，最多时也只占大气的 4%。我们在日常生活中经常会觉得空气有时比较潮湿，有时却很干燥，就是因为空气中的水汽有时多、有时少的缘故。我们用空气湿度的大小来表示大气中所含水汽的多少。

由于地心引力的作用，地面附近空气比较稠密，越往高处，空气越稀薄。大部分空气聚集在从地面往上大约 10 千米的这层大气里，而大气中的水汽则几乎全部聚集在这一层次里。雨、露、霜、雪是由大气中的水汽形成的，所以它们主要产生于大气层的下部。

大气中的水汽主要来自地球表面。江河湖海中的水，潮湿的土壤，动植物中的水分，时刻被蒸发到空气中。寒冷地区的冰雪，也在缓慢地升华。这些水汽进入大气后，成云致雨，或凝聚为霜露，然后又返回地面，渗入土壤或流入江河湖海。以后又再蒸发（升华），再凝结（凝华）下降。因此，在自然界里，水分周而复始地循环着，并在循环运动中不断改变着自身的状态。液态的水，可以凝固为固态的冰，也可以蒸发为气态的水汽；气态的水汽可以凝结为液态的云、雾、雨、露，也可以凝华为固态的冰晶、雪、霜；而固态的冰、雪、雹、霜可以融化为液态的水，也可以升华为气态的水汽。因而雨、露、霜、雪就是这种水分循环过程中的产物。

在一定的温度下，空气中能容纳的水汽量是有限度的。当空气中的水汽量达到这个限度时，叫做"饱和状态"，超过这一限度时叫做"过饱和状态"。水汽过饱和时，如果温度高于 0℃，多余的水汽会析出凝结成水滴；如果温度低于 0℃，多余的水汽会直接凝华为冰晶。

饱和状态下空气中所能容纳的最大水汽量与温度的高低有很

68

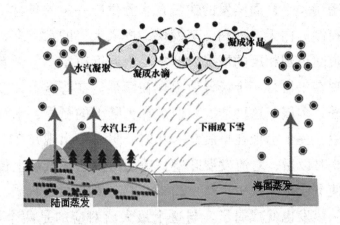

水循环的过程

大关系，在同样体积的空气里，温度高时所能容纳的水汽量要比温度低时要大。

　　在一般情况下，大气中水汽的过饱和以及水滴和冰晶的形成大都是由空气冷却引起的。因此，空气变冷是大气中发生凝结和凝华过程的主要条件。但是仅仅具备这个条件是不够的，要形成水滴和冰晶，还需要有凝结核。因为空气中如果没有任何杂质，即使已达到过饱和状态，水汽分子也无从依附。水汽分子偶尔相互合并成微小水滴，也会因其很微少而迅速蒸发掉。而凝结核在大气中到处都存在，如盐粒、烟粒、尘埃等。因此，当大气中的水汽达到过饱和时，多余的水汽就以这些微粒为核心凝结（或凝华）成小水滴（或小冰晶），并逐渐增大。大气中的水滴和冰晶就是这样形成的。

　　大气中水汽的含量虽然不多，却是大气中极其活跃的成分，在天气和气候中扮演着重要的角色。大气中的水汽含量有很多种测量方法，日常生活中人们最关心的是水汽压、绝对湿度和相对湿度。

　　水汽压是大气压力中水汽的分压力，水汽压的大小与蒸发的快慢有密切关系，而蒸发的快慢在水分供应一定的条件下，主要受温度控制。白天温度高，蒸发快，进入大气的水汽多，水汽压就大；夜间出现相反的情况，基本上由温度决定。每天有一个最高值出现在午后，一个最低值出现在清晨。在海洋上，或在大陆上的冬季，多属于这种情况。但是在大陆上的夏季，水汽压有两个最大值，一个出现在早晨9~10时，另一个出现在21~22时。在9~10时以后，对流发展旺盛，地面蒸发的水汽被上传给上层大气，使下层水汽减少；21~22时以后，对流虽然减弱，但温度已降低，蒸发也就减弱了。与这个最大值对应的是两个最小值，一个最小值发生在清晨日出前温度最低的时候，另一个发生在午后对流最强的时候。

绝对湿度指单位体积湿空气中含有的水汽质量，也就是空气中的水汽密度。绝对湿度不容易直接测量，实际使用比较少。

相对湿度的大小表示空气接近饱和的程度。相对湿度的大小，不但取决于水汽压，还取决于温度。气温升高时，虽然地面蒸发加快，水汽压增大，但这时饱和水汽压随温度升高而增大得更多些，使相对湿度反而减小。同样的道理，在气温降低时，水汽压减小，但是饱和水汽压随温度下降得更多些，使相对湿度反而增大。所以相对湿度在一天中有一个最大值出现在清晨，一个最低值出现在午后。

水汽压的年变化和气温的年变化相似。最高值出现在7~8月，最低值出现在1~2月。相对湿度因为与水汽压和温度都有关系，年变化情况比较复杂。一般情况下，相对湿度夏季最小，冬季最大。但是在季风气候地区，冬季风来自大陆，水汽特别少，夏季风来自海洋，高温而潮湿，所以相对湿度以冬季最小，而夏季最大。不过湿度的年、日变化，实际上比较复杂。因为除温度以外，各个地方地面干湿不同，蒸发的水分供给有很大差异。对流运动使水汽从下层向上层传输，使低层水汽减少，上层水汽增加，也会影响湿度的日变化。气流的性质也有很大影响，夏季低纬度海洋来的气流高温高湿，冬季高纬度大陆来的气流寒冷而干燥，也会影响湿度的年、日变化。

因为纬度、海陆分布、植被性质等等，都能够决定湿度的大小，因此地球表面湿度分布十分复杂，我们这里只介绍一下水汽压的全球分布情况。

在冬季，赤道是一个水汽压特别大的地区，水汽压在 30 百帕以上。赤道带不但有广阔的海洋，即使在大陆上，亚马逊河和扎伊尔河流域广阔的热带雨林，都有极大的蒸发量，从赤道向两极，水汽压很快减少，亚洲东北部减少到接近于零，显然是与气温极低有很大关系。在沙漠地区，特别是撒哈拉沙漠和中亚沙漠，水汽压都很小，都在 10 百帕以下。

到北半球的夏季，虽然赤道地区仍是水汽压最大的地带，但是赤道与两极之间的水汽压差别已大大减少。例如，亚洲东北部已增加到 10.7 百帕，比冬季增大了 100 倍以上。在沙漠地区也增大到 15 百帕以上。

第二节　云

天气的变化总是与云紧密联系的。细心的人都有过这样的经验：天空云量增加，云层降低，天气可能会转坏；相反，云量减少，云层升高可能是天气好转的预兆。可是，你知道云是怎么形成的吗？天上那些姿态万千的云彩存在着怎样的区别呢？

漂浮在天空中的云彩是由许多细小的水滴或冰晶组成的，有的是由小水滴或小冰晶混合在一起组成的。有时也包含一些较大的雨滴及冰、雪粒，云的底部不接触地面，并有一定厚度。

云的形成主要是由水汽凝结造成的。

我们都知道，从地面向上十几千米这层大气中，越靠近地面，温度越高，空气也越稠密；越往高空，温度越低，空气也越稀薄。

另一方面，江河湖海的水面，以及土壤和动植物的水分，随时蒸发到空中变成水汽。水汽进入大气后，成云致雨，或凝聚为霜露，然后又返回地面，渗入土壤或流入江河湖海。以后又再蒸发（升华），再凝结（凝华）下降。周而复始，循环不已。

水汽从蒸发表面进入低层大气后，这里的温度高，所容纳的水汽较多，如果这些湿热的空气被抬升，温度就会逐渐降低，到了一定高度，空气中的水汽就会达到饱和。如果空气继续被抬升，就会有多余的水汽析出。如果那里的温度高于0℃，则多余的水汽就凝结成小水滴；如果温度低于0℃，则多余的水汽就凝化为小冰晶。在这些小水滴和小冰晶逐渐增多并达到人眼能辨认的程度时，就是云了。

天上的云总是形态各异，千变万化的，你知道为什么会这样吗？

前面我们已经知道云主要是由空气上升绝热冷却而形成的，这是云形成的共性，但是水汽在凝结或凝华过程中有着不同的特点，因而形成了不同的云状，这是不同云形成的个性。

根据形成云的上升气流的特点，云可分为对流云、层状云和波状云三大类。对流云包括淡积云、浓积云、秃积雨云和鬃积雨云，卷云也属于对流云；层状云包括卷层云、高层云、雨层云和层云；波状云包括层积云、高积云、卷积云。

72

云的分类与对应的天气预兆

云形	云类	云状	天气预兆
积状云	卷云	毛卷云	雨
		密卷云	晴
		钩卷云	阴雨
		伪卷云	晴
	积云	淡积云	晴
		浓积云	上午如很早出现，下午会有雷雨
	积雨云	鬃积雨云	雷阵雨，伴有大风、雷电
		冰雹云——发展旺盛的积雨云，云底乌黑、很低，上部发黄发红，伴有雷闪	冰雹或较强雷阵雨
		漏斗状积雨云——从发展旺盛的、并伴有雷雨的积雨云底下伸，呈漏斗状的云柱	伸到地面或海洋，有龙卷风
波状云	卷积云	卷积云	晴，有时阴雨，大风
	高积云	透光高积云	晴，有时兆雨
		蔽光高积云	阴雨，有时兆晴
		荚状高积云	多数情况是晴天
		絮状高积云	雷雨
		堡状高积云	雷雨
	层积云	透光层积云	多数情况是晴天
		蔽光层积云	雨，雪
		积云性层积云	晴，有时下小雨
		堡状层积云	雷阵雨

（续表）

云形	云类	云状	天气预兆
层状云	卷层云	薄幕卷层云	阴雨、大风
		毛卷层云	有时兆风雨
	高层云	透光高层云	连续性阴雨，或将有雨、雪出现
		蔽光高层云	雨、雪；有时兆晴
	雨层云	雨层云	连绵雨、雪
		碎雨云	雨、雪
	层云	层云	晴，有时下毛毛雨或米雪
		碎层云	上午消散，兆晴；不消散天气转变，有时下毛毛雨，冬天偶尔降米雪

根据云底的高度，云可分成高云、中云、低云三大云族。然后再按云的外形特征、结构和成因可将其划分为 10 属 29 类（见表）。它们主要是：

一、低云

包括层积云、层云、雨层云、积云、积雨云五属（类），其中层积云、层云、雨层云由水滴组成，云底高度通常在 2500 米以下。大部分低云都可能下雨，雨层云还常有连续性雨、雪。而积云、积雨云由水滴、过冷水滴、冰晶混合组成，云底高度一般也常在 2500 米以下，但云顶很高。积雨云多下雷阵雨，有时伴有狂风、冰雹。

（1）层积云

云块一般较大，其薄厚或形状有很大差异，常呈灰白色或灰色，结构较松散。薄云块可辨出日、月位置；厚云块则较阴暗。有时零星散布，大多成群、成行、成波状沿一个或两个方向整齐排列。层积云又可分成5类：

①透光层积云：云块较薄，呈灰白色，排列整齐，缝隙处可以看见蓝天，即使无缝隙，云块边缘也较明亮。

②蔽光层积云：云块较厚，呈暗灰色，云块间无缝隙，常密集成层，布满全天，底部有明显的波状起伏。

③积云性层积云：云块大小不一，呈灰白或暗灰色条状，顶部有积云特征，由衰退的积云或积雨云展平而成。

④荚状层积云：云体扁平，常由傍晚地面四散的受热空气上升而直接形成。

⑤堡状层积云：云块顶部突起，云底连在一条水平线上，类似远处城堡。

（2）层云

云体均匀成层，呈灰色，似雾，但不与地接，常笼罩山腰。层云又可分成2类：

①层云：云体均匀成层，呈灰色，似雾，但不与地接，常笼罩山腰。

②碎层云：由层云分裂或浓雾抬升而形成的支离破碎的层云小片。

（3）雨层云

云体均匀成层，布满全天，完全遮蔽日、月，呈暗灰色，云底常伴有碎雨云，降连续性雨雪。雨层云又可分成2类：

①雨层云：云体均匀成层，布满全天，完全遮蔽日、月，呈暗灰色，云底常伴有碎雨云，降连续性雨雪。

②碎雨云：云体低而破碎，形状多变，呈灰色或暗灰色，常

出现在雨层云、积雨云及蔽光高层云下，系降水物蒸发，空气湿度增大凝结而形成。

（4）积云

个体明显，底部较平，顶部凸起，云块之间多不相连，云体受光部分洁白光亮，云底较暗。积云又可分成3类：

①淡积云：个体不大，轮廓清晰，底部平坦，顶部呈圆弧形凸起，状如馒头，其厚度小于水平宽度。

②浓积云：个体高大，轮廓清晰，底部平而暗，顶部圆弧状重叠，似花椰菜，其厚度超过水平宽度。

③碎积云：个体小，轮廓不完整，形状多变，多为白色碎块，系破碎或初生积云。

（5）积雨云

云浓而厚，云体庞大如高耸的山岳，顶部开始冻结，轮廓模糊，有纤维结构，底部十分阴暗，常有雨幡及碎雨云。积雨云又可分成2类：

①秃积雨云：云顶开始冻结，圆弧形重叠，轮廓模糊，但尚未向外展。

②鬃积雨云：云顶有白色丝状纤维结构，并扩展成为马鬃状或铁砧状，云底阴暗混乱。

二、中云

包括高层云、高积云两属（类），多由水滴、过冷水滴与冰晶混合组成，云底高度通常在 2500～5000 米之间。高层云常有雨、雪产生，但薄的高积云一般不会下雨。

（1）高层云

云体均匀成层，呈灰白色或灰色，布满全天。高层云又可分

76

成2类：

①透光高层云：云层较薄，厚度均匀，呈灰白色，日、月被掩轮廓模糊，似隔一层毛玻璃。

②蔽光高层云：云层较厚，呈灰色，底部可见明暗相间的条纹结构，日、月被掩，不见其轮廓。

（2）高积云

云块较小，轮廓分明。薄云块呈白色，能见日、月轮廓；厚云块呈灰暗色，日、月轮廓不辨。呈扁圆形、瓦块状、鱼鳞或水波状的密集云条。成群、成行、成波状沿一个或两个方向整齐排列。高积云又可分成6类：

①透光高积云：云块较薄，个体分离、排列整齐，云缝处可见蓝天；即使无缝隙，云层薄的部分，也比较明亮。

②蔽光高积云：云块较厚，排列密集，云块间无缝隙，日、月位置不辨。

③荚状高积云：云块呈白色，中间厚，边缘薄，轮廓分明，孤立分散，形如豆荚或呈柠檬状。

④堡状高积云：云块底部平坦，顶部突起成若干小云塔，类似远望的城堡。

⑤絮状高积云：云块边缘破碎，很像破碎的棉絮团。

⑥积云性高积云：云块大小不一，呈灰白色，外形略有积云特性，由衰退的浓积云或积雨云扩展而成。

三、高云

包括卷云、卷层云、卷积云三属（类），全部由小冰晶组成，云底高度通常在5000米以上。高云一般不会下雨，但冬季北方的卷层云、密卷云偶尔会降雪。

（1）卷云

云体具有纤维状结构，色白无影且有光泽，日出前及日落后带黄色或红色，云层较厚时为灰白色。卷云又分成4类：

①毛卷云：云丝分散，纤维结构明晰，状如乱丝、羽毛、尾等。

②密卷云：云丝密集、聚合成片。

③钩卷云：云丝平行排列，顶端有小钩成小团，类似逗号。

④伪卷云：已脱离母体之积雨云顶部冰晶部分，云体大而浓密，经常呈铁砧状。

（2）卷层云

云体均匀成层，透明或乳白色，透过云层日、月轮廓清晰可见，地物有影，常有晕。卷层云又可分成2类：

①均卷层云：云幕薄而均匀，看不出明显的结构。

②毛卷层云：云幕的厚度不均匀，丝状纤维组织明显。

（3）卷积云

云块很小，呈白色细鳞片状，常成行或成群，排列整齐，似微风吹过水面所引起的小波纹。卷积云只有1类。

另外，每一种云都有它的特殊性，但不是一成不变的。在一定条件下，这一种云可以转变为那一种云，那一种云又可以转变为另一种云。例如淡积云可以发展成浓积云，再发展成积雨云；积雨云顶部脱离成为伪卷云或积云性高积云；卷积云降低成高层云；而高层云降低又可变成雨层云。

第三节　雾

雾和云都是由浮游在空中的小水滴或冰晶组成的水汽凝结

78

物，只是雾生成在大气的近地面层中，而云生成在大气的较高层而已。雾既然是水汽凝结物，因此应从造成水汽凝结的条件中寻找它的成因。大气中水汽达到饱和的原因不外 2 个：①由于蒸发，增加了大气中的水汽；②空气自身的冷却。对于雾来说冷却更重要。当空气中有凝结核时，饱和空气如继续有水汽增加或继续冷却，便会发生凝结。凝结的水滴如使水平能见度降低到 1 千米以内时，雾就形成了。

另外，过大的风速和强烈的扰动不利于雾的生成。

因此，凡是在有利于空气低层冷却的地区，如果水汽充分，风力微和，大气层结构稳定，并有大量的凝结核存在，便最容易生成雾。一般在工业区和城市中心形成雾的机会更多，因为那里有丰富的凝结核存在。

根据空气达到过饱和的具体条件不同，通常把雾分为以下几种：

（1）辐射雾

这种雾是空气因辐射冷却达到过饱和而形成的，主要发生在晴朗、微风、近地面、水汽比较充沛的夜间或早晨。这时，天空无云阻挡，地面热量迅速向外辐射出去，近地面层的空气温度迅速下降。如果空气中水汽较多，就会很快达到过饱和而凝结成雾。

另外，风速对辐射雾的形成也有一定影响。如果没有风，就不会使上下层空气发生交换，辐射冷却效应只发生在贴近地面的气层中，只能生成一层薄薄的浅雾。如风太大，上下层空气交换很快，流动也大，气温不易降低很多，则难于达到过饱和状态。只有在 1～3 米/秒的微风时，有适当强度的交流，既能使冷却作用伸展到一定高度，又不影响下层空气的充分冷却，因而最利于辐射雾的形成。

辐射雾出现在晴朗无云的夜间或早晨，太阳一升高，随着地面温度上升，空气又回复到未饱和状态，雾滴也就立即蒸发消散。因此早晨出现辐射雾，常预示着当天有个好天气。"早晨地罩雾，尽管晒稻谷"、"十雾九晴"就是指的这种辐射雾。

（2）平流雾

当温暖潮湿的空气流经冷的海面或陆面时，空气的低层因接触冷却达到过饱和而凝结成的雾就是平流雾。

只要有适当的风向、风速，雾一旦形成，就常持续很久，如果没有风，或者风向转变，暖湿空气来源中断，雾也会立刻消散。

（3）蒸汽雾

如果水面是暖的，而空气是冷的，当它们温差较大的时候，水汽便源源不断地从水面蒸发出来，闯进冷空气，然后又从冷空气里凝结出来成为蒸汽雾。

一般在南方的暖洋流进到极地区域时，极地的冷空气覆盖在暖水面上而形成蒸汽雾。例如北大西洋上就有一股强大的墨西哥湾流的暖洋流，经常突入北极的海洋上，造成北极洋面上大规模的蒸汽雾。有时候，北极的冷空气停留在冰面上，在冰面裂开的地方，冰下较暖的水就露出来，形成局部的蒸汽雾，蒸汽雾大都出现在高纬度的北极地区，所以人们常称它为"北极烟雾"。

除了极地区域外，冷空气覆盖暖水面的情形还常出现在内陆湖滨地区。夜间湖水面比陆面暖，当夜间陆风吹到暖的湖面上时，在湖面上就会形成一层比较浅薄的蒸汽雾。秋、冬季节，每当冷空气南下以后，在天晴风小的早晨，暖水面还来不及冷却时，就弥漫着这种蒸汽雾。

（4）上坡雾

80

这是潮湿空气沿着山坡上升，绝热冷却使空气达到过饱和而产生的雾。这种潮湿空气必须稳定，山坡坡度必须较小，否则形成对流，雾就难以形成。

（5）锋面雾

经常发生在冷、暖空气交界的锋面附近。锋前锋后均有，但以暖锋附近居多。锋前雾是由于锋面上面暖空气云层中的雨滴落入地面冷空气内，经蒸发，使空气达到过饱和而凝结形成；而锋后雾，则由暖湿空气移至原来被暖锋前冷空气占据过的地区，经冷却达到过饱和而形成的。因为锋面附近的雾常跟随着锋面一道移动，军事上就常常利用这种锋面雾来掩护部队，向敌人进行突然袭击。

另外，随着现代工业的发展，又增添了许多新雾。比如：工业排放废气形成的光化学烟雾，锅炉、窑炉和生活小煤炉排放的黑色烟雾等。

我国以沿海岛屿雾最多，一入大陆就很快地减少。沿海雾以春夏出现得最多，并且最多雾之月还随纬度的增高而向后移。东京湾沿海2月雾最多，海南岛3月最多，南海沿岸4月最多。东海则以5月最多，杭州湾和长江口附近6月最多，4、5两月也不少，到7、8月就很快减少。黄海沿岸雾日分配很集中，秋冬没有雾，从春季开始有雾，而后逐月增加，7月达到最多。以后逐渐减少，9、10两月达最低点。渤海是一个内陆海，沿海在秋冬雾反多于春夏。

内陆雾以西南为最多，全年雾日达60~80天。其他地区则很少。西北地区几乎没有雾，这是因为那里空气所含水分过少的缘故。

大陆上的雾多半是辐射雾，所以秋冬最多。西南地区地形起伏很大，山谷洼地和江河湖泊之上极容易生雾。特别是重庆一

带，高空常有逆温层存在，如果风力微强，白天雾上升，停留于逆温层的下面，加强了逆温层底的辐射作用，因而又助长了逆温层的维持。逆温层的加强和维持又便于水汽的积蓄，因此所成的雾，虽然会在白天消散，但因为逆温层的长久维持，到次日雾仍可生成。这就是重庆特别多雾的原因。

第四节　雨与雪

我们已经知道，云是由许多小水滴和小冰晶组成的，雨滴和雪花就是由它们增长变大而成的。那么，小水滴和小冰晶在云内是怎样增长变大的呢？

在水云中，云滴都是小水滴。它们主要是靠继续凝结和互相碰撞并合而增大的。因此，在水云里，云滴要增大到雨滴的大小，首先需要云很厚，云滴浓密，含水量多，这样，它才能继续凝结增长；其次，在水云内还需要存在较强的垂直运动，这样才能增加多次碰撞并合的机会。而在比较薄的和比较稳定的水云中，云滴没有足够的凝结和并合增长的机会，只能引起多云、阴天，不大会下雨。

在各种不同的云内，其云滴大小的分布是各不相同的，造成云滴大小不均的原因就是周围空气中水汽的转移以及云滴的蒸发。使云滴增长的因素是凝结过程和碰撞并合过程，在只有凝结作用的情况下，云滴的大小是均匀的，但由于水汽的补充，使某些云滴有所增长，再加上并合作用的结果，就使较大的云滴继续增长变大成为雨滴。雨滴受地心引力的作用而下降，当有上升气

82

流时，就会有一个向上的力加在雨滴上，使其下降的速度变慢，并且一些小雨滴还可能被带上去。只有当雨滴增大到一定的程度时，才能下降到地面，形成降雨。

关于雨的详细介绍，我们在下一章再展开叙述。

那么，雪是怎么形成的呢？

在水云中，云滴都是小水滴。它们主要是靠继续凝结和互相碰撞并合而增大成为雨滴的。

冰云是由微小的冰晶组成的。这些小冰晶在相互碰撞时，冰晶表面会增热而有些融化，并且会互相黏合又重新冻结起来。这样重复多次，冰晶便增大了。另外，在云内也有水汽，所以冰晶也能靠凝华继续增长。但是，冰云一般都很高，而且也不厚，在那里水汽不多，凝华增长很慢，相互碰撞的机会也不多，所以不能增长到很大而形成降水。即使引起了降水，也往往在下降途中被蒸发掉，很少能落到地面。

雪花的形状

最有利于云滴增长的是混合云。混合云是由小冰晶和过冷却水滴共同组成的。当一团空气对于冰晶说来已经达到饱和的时候，对于水滴说来却还没有达到饱和。这时云中的水汽向冰晶表面上凝华，而过冷却水滴却在蒸发，这时就产生了冰晶从过冷却水滴上"吸附"水汽的现象。在这种情况下，冰晶增长得很快。

另外，过冷却水是很不稳定的。一碰它，它就要冻结起来。所以，在混合云里，当过冷却水滴和冰晶相碰撞的时候，就会冻结粘附在冰晶表面上，使它迅速增大。当小冰晶增大到能够克服空气的阻力和浮力时，便落到地面，这就是雪花。

在初春和秋末，靠近地面的空气在0℃以上，但是这层空气不厚，温度也不很高，会使雪花没有来得及完全融化就落到了地面。这叫做"降湿雪"，或"雨雪并降"。这种现象在气象学里叫"雨夹雪"。

雪花的形状极多，而且十分美丽。如果把雪花放在放大镜下，可以发现每片雪花都是一幅极其精美的图案，连许多艺术家都赞叹不止。但是，各种各样的雪花形状是怎样形成的呢？雪花大都是六角形的，这是因为雪花属于六方晶系。云中雪花"胚胎"的小冰晶，主要有两种形状。一种呈六棱体状，长而细，叫柱晶，但有时它的两端是尖的，样子像一根针，叫针晶。另一种则呈六角形的薄片状，就像从六棱铅笔上切下来的薄片那样，叫片晶。

如果周围的空气过饱和的程度比较低，冰晶便增长得很慢，并且各边都在均匀地增长。它增大下降时，仍然保持着原来的样子，分别被叫做柱状、针状和片状的雪晶。

如果周围的空气呈高度过饱和状态，那么冰晶在增长过程中不仅体积会增大，而且形状也会变化。最常见的是由片状变为星状。

原来，在冰晶增长的同时，冰晶附近的水汽会被消耗。所以，越靠近冰晶的地方，水汽越稀薄，过饱和程度越低。在紧靠冰晶表面的地方，因为多余的水汽都已凝华在冰晶上了，所以刚刚达到饱和。这样，靠近冰晶处的水汽密度就要比离它远的地方

84

小。水汽就从冰晶周围向冰晶所在处移动。水汽分子首先遇到冰晶的各个角棱和凸出部分，并在这里凝华而使冰晶增长。于是冰晶的各个角棱和凸出部分将首先迅速地增长，而逐渐成为枝杈状。以后，又因为同样的原因在各个枝杈和角棱处长出新的小枝杈来。与此同时，在各个角棱和枝杈之间的凹陷处，空气已经不再是饱和的了。有时，在这里甚至有升华过程，以致水汽被输送到其他地方去。这样就使得角棱和枝杈更为突出，而慢慢地形成了我们熟悉的星状雪花。

　　上面说的实际上是一个典型的星状雪花的形成过程。它的相对部位，不论形状或大小，都应当是相同的。这种典型的星状雪花只有在一个理想的、平静的环境中（譬如在实验室内）才能形成。在大气中，它不能像上面说的那样有步骤地增大，所形成的形状也就不能那样典型。这是因为冰晶逐渐在下降着，而且有时在旋转着，各个枝杈接触水汽的多少有所不同，而那些接触水汽较多的枝杈便增长得较多。因此，我们平常所看到的雪花虽大体上一样但又互不相同。

　　另外，雪花在云内下降的过程中，也会从适宜于形成这种形状的环境降到适宜于形成另一种形状的环境，于是便出现了各种复杂的雪花形状。有的像袖扣，有的像刺猬。即使都是星状雪花，也有 3 个枝杈的、6 个枝杈的，甚至有 12 个枝杈、18 个枝杈的。

　　以上所述都是单个雪花的情况。在雪花下降时，各个雪花也很容易互相攀附并合在一起，成为更大的雪片。雪花的并合大多在以下 3 种情况下出现：

　　（1）当温度低于 0℃ 的时候，雪花在缓慢下降的途中相撞。碰撞产生了压力和热，使相撞部分有些融化而彼此黏附在一起，随后这些融化的水又立即冻结起来。这样,两个雪花就并合到一起了。

(2)在温度略高于0℃的时候,雪花上本来已覆有一层水膜,这时如果两个雪花相碰,便借着水的表面张力而黏合在一起。

(3)如果雪花的枝杈很复杂,则两个雪花也可以只因简单的攀连而相挂在一起。

雪花从云中下降到地面,路途很长,在条件适合时,可以经多次攀连并合而变得很大。在降大雪的时候,有时有一些鹅毛般的大雪片,就是经过多次并合而成的。

但是,有时雪花互碰时不是互相并合在一起,而是给碰破了,这时便产生一些畸形的雪花。例如,在降雪的时候,有时会见到一些单个的"星枝",就属于这种情况。

第五节　冰雹

冰雹俗称雹子,夏季或春夏之交最为常见,它是一些小如绿豆、黄豆,大似栗子、鸡蛋的冰粒,特大的冰雹比柚子还大。我国除广东、湖南、湖北、福建、江西等省冰雹较少外,各地每年都会受到不同程度的雹灾。尤其是北方的山区及丘陵地区,地形复杂,天气多变,冰雹多,受害重,对农业危害很大,猛烈的冰雹打毁庄稼,损坏房屋,人被砸伤、牲畜被打死的情况也常常发生。因此,冰雹是我国严重灾害之一。

冰雹是一种从强烈发展的积雨云(这种云也叫冰雹云)中降落下来的冰块或冰疙瘩,从冰雹云中降落到地面的冰雹根据它的大小、软硬程度和结构等大致可以分为如下4种：

（1）冰雹：直径在5毫米以上的冰块，比较硬，落地会反跳；每个雹块都由一个不透明的核心和核心外面层层透明和不透明交替出现的冰层组成。这是一种危害性最大的冰雹。

（2）软雹：结构松散，重量轻，着地容易破碎，这类冰雹叫软雹。这种冰雹造成的危害较小。软雹一般在较高纬度或者在高原上出现。有人认为，云中的冰雹由于受高空爆炸作用的影响，有时会变成软雹。

（3）冰丸：直径5毫米以下的固体小冰球或小冰块，结构坚硬，落到地面会反跳，所以有人也叫它为小冰雹。其危害较冰雹轻。

（4）霰：直径2～5毫米的白色或乳白色不透明颗粒状固体降水物，结构松软，着地易破碎，常呈球形或圆锥形，有点像米雪，不过米雪的直径一般都在1毫米以下。

如果把冰雹切成薄片，放到显微镜下观察，可以看到冰雹内部构造很不均匀，冰雹的中间有一个核，叫雹核，主要是由霰粒或软雹构成，也有由大水滴缓慢冻结而成透明冰核的。雹核的外面交替地包裹着几层透明和不透明的冰层，有人见过十多层甚至三十层的冰雹，在冰层中还夹杂着大小不同的气泡。

冰雹和雨、雪一样都是从云里掉下来的。不过下冰雹的云是一种发展十分强盛的积雨云，而且只有发展特别旺盛的积雨云才可能降冰雹。

积雨云和各种云一样都是由地面附近空气上升凝结形成的。空气从地面上升，在上升过程中气压降低，体积膨胀，如果上升空气与周围没有热量交换，由于膨胀消耗能量，空气温度就要降低，这种温度变化称为绝热冷却。根据计算，在大气中空气每上

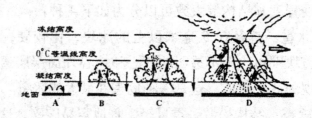

冰结高度

0℃等温线高度

凝结高度

地面

A   B   C   D

积状云的形成

升 100 米，因绝热变化会使温度降低 1℃ 左右。我们知道在一定温度下，空气中容纳水汽有一个限度，达到这个限度就称为"饱和"，温度降低后，空气中可能容纳的水汽量就要降低。因此，原来没有饱和的空气在上升运动中由于绝热冷却可能达到饱和，空气达到饱和之后过剩的水汽便附在飘浮于空中的凝结核上，形成水滴。当温度低于 0℃ 时，过剩的水汽便会凝华成细小的冰晶。这些水滴和冰晶聚集在一起，飘浮于空中便成了云。

大气中有各种不同形式的空气运动，形成了不同形态的云。因对流运动而形成的云有淡积云、浓积云和积雨云等。人们把它们统称为积状云。它们都是一块块孤立向上发展的云块，因为在对流运动中有上升运动和下沉运动，往往在上升气流区形成了云块，而在下沉气流区就成了云的间隙，有时可见蓝天。

积状云因对流强弱不同而形成各种不同云状，它们的云体大小差别很大。如果云内对流运动很弱，上升气流达不到凝结高度，就不会形成云，只有干对流。如果对流较强，可以发展形成浓积云，浓积云的顶部像椰菜，由许多轮廓清晰的凸起云泡构成，云厚可以达 4 ~ 5 千米。如果对流运动很猛烈，就可以形成积雨云，云底黑沉沉，云顶发展很高，可达 10 千米左右，云顶边缘变得模糊起来，云顶还常扩展开来，形成砧状。一般积雨云可能产生雷阵雨，而只有发展特别强盛的积雨云，云体十分高大，云中有强烈的上升气体，云内有充沛的水分，才会产生冰雹，这种云通常也称为冰雹云。

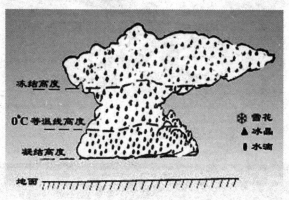

冰雹云内结构

冰雹云是由水滴、冰晶和雪花组成的。一般分为三层：最下面一层温度在0℃以上，由水滴组成；中间温度为0℃～20℃，由过冷却水滴、冰晶和雪花组成；最上面一层温度在－20℃以下，基本上由冰晶和雪花组成。

在冰雹云中气流是很强盛的，通常在云的前进方向，有一股十分强大的上升气流从云底进入又从云的上部流出。还有一股下沉气流从云后方中层流入，从云底流出。这里也就是通常出现冰雹的降水区。这两股有组织上升与下沉的气流与环境气流连通，所以一般强雹云中气流结构比较持续。强烈的上升气流不仅给雹云输送了充分的水汽，并且支撑冰雹粒子停留在云中，使它长到相当大才降落下来。

在冰雹云中冰雹又是怎样长成的呢？

在冰雹云中强烈的上升气流携带着许多大大小小的水滴和冰

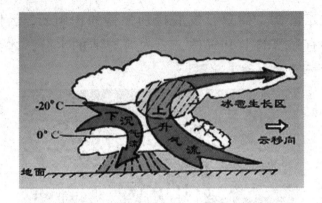

冰雹云内气流分布

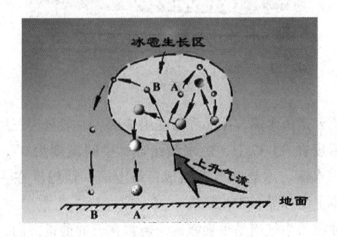

冰雹生长情况

晶运动着，其中有一些水滴和冰晶并合冻结成较大的冰粒，这些粒子和过冷水滴被上升气流输送到含水量累积区，就可以成为冰雹核心，这些冰雹初始生长的核心在含水量累积区有着良好的生长条件。雹核在上升气流携带下进入生长区后，在水量多、温度不太低的区域与过冷水滴碰并，长成一层透明的冰层，再向上进入水量较少的低温区，这里主要由冰晶、雪花和少量过冷水滴组成，雹核与它们粘并冻结就形成一个不透明的冰层。这时冰雹已长大，而那里的上升气流较弱，当它支托不住增长大了的冰雹时，冰雹便在上升气流里下落，在下落中不断地并合冰晶、雪花和水滴而继续生长，当它落到较高温度区时，碰并上去的过冷水滴便形成一个透明的冰层。这时如果落到另一股更强的上升气流区，那么冰雹又将再次上升，重复上述的生长过程。这样冰雹就一层透明一层不透明地增长；由于各次生长的时间、含水量和其他条件的差异，所以各层厚薄及其他特点也各有不同。最后，当上升气流支撑不住冰雹时，它就从云中落下来，成为我们所看到的冰雹了。

第六节　霜露凇

91

一、霜

在寒冷季节的清晨，草叶上、土块上常常会覆盖着一层霜的结晶。它们在初升起的阳光照耀下闪闪发光，待太阳升高后就融化了。人们常常把这种现象叫"下霜"。翻翻日历，每年10月下旬，总有"霜降"这个节气。我们看到过降雪，也看到过降雨，可是谁也没有看到过降霜。其实，霜不是从天空降下来的，而是在近地面层的空气里形成的。

霜是一种白色的冰晶，多形成于夜间。少数情况下，在日落以前太阳斜照的时候也能开始形成。通常，日出后不久霜就融化了。但是在天气严寒的时候或者在背阴的地方，霜也能终日不消。

霜本身对植物既没有害处，也没有益处。通常人们所说的"霜害"，实际上是在形成霜的同时产生的"冻害"。

霜的形成不仅和当时的天气条件有关，而且与所附着的物体的属性也有关。当物体表面的温度很低，而物体表面附近的空气温度却比较高，那么在空气和物体表面之间有一个温度差，如果物体表面与空气之间的温度差主要是由物体表面辐射冷却造成的，则在较暖的空气和较冷的物体表面相接触时空气就会冷却，达到水汽过饱和的时候多余的水汽就会析出。如果温度在0℃以下，则多余的水汽就在物体表面上凝华为冰晶，这就是霜。因此霜总是在有利于物体表面辐射冷却的天气条件下形成。

另外，云对地面物体夜间的辐射冷却是有妨碍的，天空有云不利于霜的形成，因此，霜大都出现在晴朗的夜晚，也就是地面辐射冷却强烈的时候。

此外，风对于霜的形成也有影响。有微风的时候，空气缓慢地流过冷物体表面，不断地供应着水汽，有利于霜的形成。但是，风大的时候，由于空气流动得很快，接触冷物体表面的时间太短，同时，上下层的空气容易互相混合，不利于温度降低，从而也会妨碍霜的形成。大致说来，当风速达到3级或3级以上时，霜就不容易形成了。

因此，霜一般形成在寒冷季节里晴朗、微风或无风的夜晚。

霜的形成，不仅和上述天气条件有关，而且和地面物体的属性有关。霜是在辐射冷却的物体表面上形成的，所以物体表面越容易辐射散热并迅速冷却，在它上面就越容易形成霜。同类物体，在同样条件下，假如质量相同，其内部含有的热量也就相同。如果夜间它们同时辐射散热，那么，在同一时间内表面积较大的物体散热较多，冷却得较快，在它上面就更容易有霜形成。

这就是说，一种物体，如果与其质量相比，表面积相对大的，那么在它上面就容易形成霜。草叶很轻，表面积却较大，所以草叶上就容易形成霜。另外，物体表面粗糙的，要比表面光滑的更有利于辐射散热，所以在表面粗糙的物体上更容易形成霜，如土块。

霜的消失有两种方式：一是升华为水汽，一是融化成水。最常见的是日出以后因温度升高而融化消失。霜所融化的水，对农作物有一定好处。

霜的出现，说明当地夜间天气晴朗并寒冷，大气稳定，地面辐射降温强烈。这种情况一般出现于有冷气团控制的时候，所以往往会维持几天好天气。我国民间有"霜重见晴天"的谚语，道理就在这里。

二、露

在温暖季节的清晨，人们在路边的草、树叶及农作物上经常可以看到的露珠，露也不是从天空中降下来的。露的形成原因和过程与霜一样，只不过它形成时的温度在0℃以上罢了。

在0℃以上，空气因冷却而达到水汽饱和时的温度叫做"露点温度"。在温暖季节里，夜间地面物体强烈辐射冷却的时候，与物体表面相接触的空气温度下降，在它降到"露点"以后就有多余的水汽析出。因为这时温度在0℃以上，这些多余的水汽就凝结成水滴附在地面物体上，这就是露。

露和霜一样，也大都出现于天气晴朗、无风或微风的夜晚。同时，容易有露形成的物体，也往往是表面积相对大的、表面粗糙的、导热性不良的物体。有时，在上半夜形成了露，下半夜温度继续降低，使物体上的露珠冻结起来，这叫做冻露。有人把它

露

归入霜的一类，但是它的形成过程是与霜不同的。

露一般在夜间形成，日出以后，温度升高，露就蒸发消失了。

在农作物生长的季节里，常有露出现。它对农业生产是有益的。在我国北方的夏季，蒸发很快，遇到缺雨干旱时，农作物的叶子有时白天被晒得蜷缩发干，但是夜间有露，叶子就又恢复了原状。人们常把"雨露"并称，就是这个道理。

露水的形成有一定的天气条件，那就是大气比较稳定，风小，天空晴朗少云，地面上的热量能很快散失，温度下降，这样当水汽遇到较冷的地面或物体时就会形成露水。

如果天空有云的夜里，地面上好像盖了一条大棉被，热量要跑到空间去，难以通过这个大关口，碰到云层后，一部分被折回大地，另一部分被云层所吸收，而被云层吸收的这部分热量，以后又会慢慢地放射到地面。所以，云层好像是暖房的顶盖，具有保温的功用。因此，夜间满天是云，近地面的气温不容易下降，露水就难出现。

夜间如有风的吹动，能使上下空气交流，增加近地面空气的温度，又能使水汽扩散，于是就很难形成露了。

三、凇

在自然界里，地面物体上形成的冰晶和水滴并不都是霜和露。有一些貌似霜、露的现象，却是由其他气象条件造成的。

例如，某地区原来温度较低，各种地面物体的温度也就较低。遇到天气急遽变暖（例如温度急升 10℃），有些大而重的物体却不能一下子变得和周围的空气一样暖，这样，在空气和这些物体之间便形成一个比较大的温差。如果这时温度在 0℃ 以下，便会在物体上形成冰晶，它叫做"硬凇"。如果温度在 0℃ 以上，便会在物体表面凝结成水滴，叫做"水凇"。冬天玻璃窗上的"窗霜"和"呵水"的形成就与此相似。

雾凇

硬凇、水凇与霜、露都是由于空气和地面物体之间存在着温度差而形成的。但是，形成硬凇和水凇的温度差是由天气变暖而引起的，形成霜、露的温度差却是由于地面物体辐射冷却所引起的。所以，它们所反映的天气条件不同，附着的物体也不尽一样，它们是不同的天气现象。

初冬或冬末，有时会出现一种奇怪现象：从空中掉下来的液态雨滴落在树枝、电线或其他物体上时，会突然冻成一层外表光滑晶莹剔透的冰层，这就是"雨凇"。这种滴雨成冰的现象是怎么回事呢？实际上这里的雨滴不是一般的雨滴，而是过冷雨滴。这种情形并不常见，多在冷暖空气交锋，而且暖空气势力较强的情况下才会发生。这时靠近地面一层的空气温度较低（稍低于0℃），而其上又有温度高于0℃的空气层或云层，再往上则是温度低于0℃的云层，从这里掉下来的雪花通过暖层时融化成雨滴，接着当它进入靠近地面的冷气层时，雨滴便迅速冷却，由于这些雨滴的直径很小，温度虽然降到0℃以下，但还来不及冻结便掉了下来，当其接触到地面冷的物体时，就立即冻结，变成了我们所说的"雨凇"。

96

雨凇

另外，在有过冷却雾的时候，特别有利于冰晶在地面物体上增长。这时在电线上、树枝上形成了白色的冰花，叫做"雾凇"。在有雾而温度又高于0℃的时候，雾滴黏附、汇聚在树叶或其他物体上，叫做"雾凝"，这在森林中最为常见。

第四章　雨和梅雨

雨是从云中降落的水滴，陆地和海洋表面的水蒸发变成水蒸气，水蒸气上升到一定高度后遇冷变成小水滴，这些小水滴组成了云，它们在云里互相碰撞，合并成大水滴，当它大到空气托不住的时候，就从云中落了下来，形成了雨。雨的成因多种多样，它的表现形态也各具特色，有毛毛细雨，有连绵不断的阴雨，还有倾盆而下的阵雨。雨水是人类生活中最重要的淡水资源，植物也要靠雨露的滋润而茁壮成长。但暴雨造成的洪水也会给人类带来巨大的灾难。

各种雨中，最有特色的恐怕就是梅雨了。我国长江中下游地区，通常每年6月中旬到7月上旬前后，天空连日阴沉，降水连绵不断，时大时小，被称为梅雨季节。

97

第一节　成因不同的降雨

我们在上一章介绍了雨的形成过程，那是就雨滴如何形成进行了微观的分析，从宏观的角度来看，影响雨的形成的因素也是各种各样的，因此就有了成因各不相同的降雨类型。

一、对流雨

大气对流运动引起的降水现象，习惯上称为对流雨。近地面层空气受热或高层空气强烈降温，促使低层空气上升，水汽冷却凝结，就会形成对流雨。对流雨来临前常有大风，大风可拔起直径50厘米的大树，并伴有闪电和雷声，有时还下冰雹。

对流雨主要产生在积雨云中，积雨云内冰晶和水滴共存，云的垂直厚度和水汽含量特别大，气流升降都十分强烈，可达20～30米/秒，云中带有电荷，所以积雨云常发展成强对流天气，产生大暴雨，雷击事件、大风拔木、暴雨成灾常发生在这种雷暴雨中。

淡积云云层薄，含水量少，一般少有雨落到地面。浓积云在中高纬度地区很少降水，但是在低纬度地区，因为含水量丰富，对流强烈，有时可以产生降水。

对流雨以低纬度最多，降水时间一般在午后，特别是在赤道地区，降水时间非常准确。早晨天空晴朗，随着太阳升起，天空积云逐渐形成并很快发展，越积越厚，到了午后，积雨云汹涌澎湃，天气闷热难熬，大风掠过，雷电交加，暴雨倾盆而下，降水延续到黄昏时停止，雨后天晴，天气稍觉凉爽，但是第二天，又重复有雷阵雨出现。在中高纬度，对流雨主要出现在夏季半年，冬半年极为少见。

二、地形雨

气流沿山坡被迫抬升引起的降水现象，称地形雨。地形雨常发生在迎风坡。在暖湿气流过山时，如果大气处于不稳定状态，也可以产生对流，形成积状云；如果气流过山时的上升运动，同山坡前的热力对流结合在一起，积云就会发展成积雨云，形成对流性降水。在锋面移动过程中，如果其前进方向有山脉阻拦，锋面移动速度就会减慢，降水区域扩大，降水强度增强，降水时间延长，形成连阴雨天气，持续期可在 10～15 天以上。

在世界上，最多雨的地方，常常发生在山地的迎风坡，称为雨坡；背风坡降水量很少，成为干坡或称为"雨影"地区。如挪威斯堪的那维亚山地西坡迎风，降水量达 1000～2000 毫米，背风坡只有 300 毫米。又如，我国台湾山脉的北、东、南坡都迎风，降水都比较多，年降雨量 2000 毫米以上，台北火烧寮达 8408 毫米，成为我国降水量最多的地方，一到西侧就成为雨影地区，降水量减少到 1000 毫米左右。夏威夷群岛的考爱岛迎风坡年降水量 12040 毫米，成为世界年降雨量最多的地方。印度的乞拉朋齐年降水量 11418 毫米，也是位于喜马拉雅山南麓的缘故。

三、锋面雨

锋面活动时，暖湿空气中上升冷却凝结而引起的降水现象，称锋面雨。锋面常与气旋相伴而生，所以又把锋面雨称为气旋雨。锋面有系统性的云系，但是并不是每一种云都能产生降水的。

锋面雨主要产生在雨层云中，在锋面云系中雨层云最厚，又是一种冷暖空气交接而成的混合云，其上部为冰晶，下部为水滴，中部常常冰水共存，能很快引起冲并作用，因为云的厚度大，云滴在冲并过程中经过的路程长，有利于云滴增大，雨层云的底部离地面近，雨滴在下降过程中不易被蒸发，很有利于形成降水。雨层越厚，云底距离地面越近，降水就越强。

高层云也可以产生降水，但卷层云一般是不降水的。因为卷层云云体较薄，云底距离地面远，含水量又少，即使有雨滴下落，也不易达到地面。

锋面降水的特点是：水平范围大，常常形成沿锋而产生大范围的呈带状分布的降水区域，称为降水带。随着锋面平均位置的季节移动，降水带的位置也移动。例如，我国从冬季到夏季，降水带的位置逐渐向北移动，5 月份在华南，6 月上旬到南岭—武夷山一线，6 月下旬到长江一线，7 月到淮河，8 月到华北；从夏季到冬季，则向南移动，在 8 月下旬从东北、华北开始向南撤，9 月即可到华南沿海，所以南撤比北进快得多。

锋面降水的另一个特点是持续时间长，因为层状云上升速度小，含水量和降水强度都比较小，有些纯粹的水云很少发生降水，有降水发生也是毛毛雨。但是，锋面降水持续时间长，短则几天，长则 10 天半个月以上，有时长达 1 个月以上，"清明时节雨纷纷"，就是对我国江南春季的锋面降水现象的准确而恰当的描述。

四、台风雨

台风活动带来的降水现象，称为台风雨。台风不但带来大风，而且相伴发生降水。台风云系有一定规律，台风中的降水分布在海洋上也很有规律，但是在台风登陆后，由于地形摩擦作用，就不那么有规律了。例如风中有上升气流的整个涡旋区都有降水存在，但是以上升运动最强的云墙区降水量最大，螺旋云带中降水量已经减少，有时也形成暴雨，台风眼区气流下沉，一般没有降水。

台风区内水汽充足，上升运动强烈，降水量常常很大，台风到来，日降水量平均在 800 毫米以上，强度很大，多属阵性，台风登陆常常产生暴雨，少则 200～300 毫米，多则在 1000 毫米以上。我国台湾新寮在 1967 年 11 月 17 日，由于 6721 号台风影响，一天降水量达 1672 毫米，两天总降水量达 2259 毫米。台风登陆后，若维持时间较长，或由于地形作用，或与冷空气结合，都能产生大暴雨。我国东南沿海是台风登陆的主要地区，台风雨所占比重相当大。

第二节　雨量和分级

降水量是用来衡量降水多少的一个概念，它是指雨水（或融化后的固体降水）既不流走，也不渗透到地里，同时也不被蒸发掉而积聚起来的一层水的深度，通常以毫米为单位。降雨量可以用雨量器来测量，同时还可以用雨量计来自动记录雨势的变化和雨量的大小。

在气象上通常用某一段时间内降水量的多少来划分降水强度。最常用的对降雨的分类方法是按降水量的多少来划分降雨的等级。根据国家气象部门规定的降水量标准，降雨可分为小雨、中雨、大雨、暴雨、大暴雨和特大暴雨6种。

各类雨的降水量标准　（单位：毫米）

种类	24 小时降水量	12 小时降水量
小雨	小于 10	小于 5
中雨	10 ~ 24.9	5 ~ 14.9
大雨	25 ~ 49.9	15 ~ 29.9
暴雨	50 ~ 99.9	30 ~ 69.9
大暴雨	100 ~ 249	70 ~ 139.9
特大暴雨	250 以上	140 以上

但是，由于各地具体情况不同，各地气象预报部门对于当地各类降水的标准也有些自己的规定。例如，在广东，24 小时内下 50~70 毫米雨的机会较多，当地气象部门规定 24 小时降水量在 80 毫米以上的雨才算作暴雨。在新疆、甘肃、宁夏、内蒙等地，24 小时内下 50 毫米雨的场合极少，则规定 24 小时降水量在 30 毫米以上的雨都可算作暴雨。

在没有测量雨量的情况下，我们也可以从当时的降雨状况来判断降水强度：

小雨：雨滴下降清晰可辨；地面全湿，但无积水或积水形成很慢。

中雨：雨滴下降连续成线，雨滴四溅，可闻雨声；地面积水形成较快。

大雨：雨滴下降模糊成片，四溅很高，雨声激烈；地面积水形成很快。

暴雨：雨如倾盆，雨声猛烈，开窗说话时，声音受雨声干扰而听不清楚；积水形成特快，下水道往往来不及排泄，常有外溢现象。

按降水的性质划分，降水还可分为：

（1）连续性降水：雨或雪连续不断的下，而且比较均匀，强度变化不大，一般下的时间长，范围广，降水量往往也比较大。

（2）间断性降水：雨或雪时下时停，或强度有明显变化，一会儿大一会儿小，但是这个变化还是比较缓慢的，下的时间有时短有时长。

（3）阵性降水：雨或冰雹常呈阵性下降，有时也可看到阵雪。其特点是骤降骤停或强度变化很突然，下降速度快，强度大，但往往时间不长，范围也不大。如果在阵雨的同时还伴有闪

102

电和雷鸣，这便是雷阵雨。

降水对于人类的生产和生活有着重要的影响。降水过多或过少，都会带来灾害。因此，人们需要知道一次雨或雪降下了多少水，也需要知道一年、一季或一月里当地下了多少雨（雪）。这样，就需要测定降水量。

在我国民间，通常用下了几指雨或几寸雨（即渗透到土壤里几指深或几寸深）来说明一场雨的大小。这种办法对于粗略估计当地旱象缓和程度等是可以用的，但是它得到的资料不够精确，也不易互相比较。因此用雨水渗透深度来表示降水量，是不够科学的。

为了使降水量具有较高的精确性和比较性，气象观测规范中规定：降水量指从天空中降落到地面上的液态或固态（经融化后）降水，未经蒸发、渗透、流失而在水平面上积聚的深度。降水量以毫米为单位。

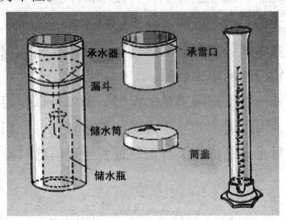

雨量器和量杯

测定降水量的基本仪器是雨量器。它的外部是一个不漏水的铁筒，里面有承水器、漏斗和储水瓶，另外还配有与储水瓶口径成比例的量杯。有雨时，雨水过漏斗流入储水瓶。量雨时，将储

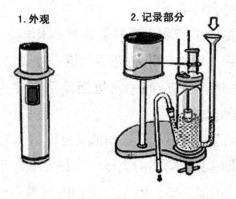

1.外观　　2.记录部分

雨量计

水瓶取出，把水倒入量杯内。从量杯上读出的刻度数（毫米）就是降水量。冬季降雪时，要把漏斗和储水瓶取走，直接用承雪口和储水筒容纳降水。测定降水量时，把储水筒取出带到室内，待筒内的雪融化后，倒在量杯里，再读取降水量数字。

这样，无论是液态或固态降水的降水量，都是未经蒸发、渗透、流失而在水平面上积聚的深度。这样测定就比较精确，而且便于相互比较，并能求出总量。

还有另外一些测定降水量的仪器，例如可以作连续记录的虹吸式雨量计，可以遥测的翻斗式遥测雨量计等。它们的原理和上述的一样，只是分别增加了自记装置和传递信息的装置罢了。

第三节　人工降雨

人工降雨，是根据不同云层的物理特性，选择合适时机，用飞机、火箭弹向云中播散干冰、碘化银、盐粉等催化剂，促使云层降水或增加降水量。人工降雨更为科学的称谓是人工增雨，有空中、地面作业两种方法。

空中作业是用飞机在云中播撒催化剂。地面作业是利用高炮、火箭从地面上发射。炮弹在云中爆炸，把炮弹中的碘化银燃成烟剂撒在云中。火箭在到达云中高度以后，碘化银剂开始点燃，随着火箭的飞行，沿途拉烟播撒。飞机作业一般选择稳定性天气才能确保安全。一般高炮、火箭作业较为广泛。

碘化银在人工降雨中所起的作用在气象学上称作冷云催化。碘化银只要受热后就会在空气中形成极多极细（只有头发直径的1‰～1‰）的碘化银粒子。1克碘化银可以形成几十万亿个微粒。这些微粒会随气流运动进入云中，在冷云中产生几万亿到上百亿个冰晶。因此，用碘化银催化降雨不需飞机，设备简单、用量很少，费用低廉，可以大面积实施。

人工降雨要在云富含水汽情况下进行。一般自然降水的产生，不仅需要一定的宏观天气条件，还需要满足云中的微物理条件，比如：0℃以上的暖云中要有大水滴；0℃以下的冷云中要有冰晶。没有这个条件，天气形势再好，云层条件再好，也不会下雨。然而，在自然的情况下，这种微物理条件有时就不具备；有时虽然具备但又不够充分。前者根本不会产生降水，后者则降雨很少。此时，如果人工向云中播撒人工冰核，使云中产生凝结或凝华的冰水转化过程，再借助水滴的自然碰并过程，就能使降雨产生或使雨量加大。催化剂在云中起的作用，打个不太确切的比方，就好像是盐卤点豆腐，使本来不会产生的降水得以产生，已经产生的降水强度增大。

大家知道，有雨必先有云，但是有云不一定有雨。自然界过冷云降雨（或雪）是由于云中除小水滴外，还有足够的冰晶——

人工增雨

饱和水汽或过冷却水滴在冰核（不溶于水的尘粒）作用下凝华或冻结而形成的冰相胚胎。过冷云中水滴的水分子会不断蒸发并凝华到冰晶上，冰晶不断长大以致下落为雪，如果云下气温高于0℃，它们就会融化成雨。如果自然界这种云雾中缺少足够的冰晶，因云中水滴十分细小，能够长期稳定地在空气中悬浮而降不下来，于是就只有云而无雨。这时候如果向这种云雾中播撒碘化银粒子，则能产生很多冰晶，云中水滴上的水分经蒸发、凝华迅速转化到这些人工冰晶上，使冰晶很快长大产生降雪，如果地面气温较高，雪降落过程中边融化边碰撞合并为水滴，最终成为降雨。

需要特别指出的是，人工降雨对人无害。人工降雨的原理是让积雨云中的水滴体积变大掉落下来，高炮人工降雨就是将含有碘化银的炮弹打入有大量积雨云的4000～5000米高空，碘化银在高空扩散，成为云中水滴的凝聚核，水滴在其周围迅速凝聚达到一定体积后降落。碘化银由炮弹输送到高空，就会扩散为肉眼都难以分辨的小颗粒。

和巨量的水滴相比，升上高空的碘化银只是沧海一粟，太多了不仅不会增雨反而会把积雨云"吓跑"，所以，在如此悬殊的情况下，人们绝不会感觉到碘化银的存在。

此外，炮弹弹片在高空爆炸后会化成不足30克，甚至只有两三克的碎屑降落地面，其所落区域都是在此之前实验和测算好了的无人区，不会对人体造成伤害，同时，人工降雨已有一段历史，技术较为成熟，所以对人工降雨人们不必心存疑虑。

第四节　地球上的多雨带

整个地球表面的降水量分布，与两个因素有关，一是大气中水汽的多少，二是大气中上升运动的有无和强弱。因此，从总的情况来说，降水量是从赤道向极减少的，但是温带地区也有一个次多雨季存在。

在赤道地区海洋广阔，陆地如亚马孙河流域、刚果河流域和印度尼西亚等地，又分布着广阔的热带雨林，气温又高，蒸发强烈，大气中水分含量充足，对流上升运动发展旺盛，因此形成为降水量最多的地带，年降水量一般为 1000～2000 毫米以上，太平洋的一些岛屿上可达 5000～6000 毫米。

从赤道向两极降水量渐渐减少，在南北纬度约 15°～30°的热带和亚热带地区，由于下沉运动占优势，不利于云雨形成，降水量达到最小值，一般不到 500 毫米。地球上的沙漠多数都分布在这个地带。

在温带是锋面气旋活动频繁的地方，暖空气沿锋面上升，降水又有所增加，年降水量达 500～1000 毫米，成为地球上第二个多雨带。

到两极地区，温度低，水汽少，降水量显著减少，而且主要是降雪，极地也是地球上的少雨带。

地球上最大年降水量出现在印度乞拉朋齐，1861 年曾降水 23000 毫米。平均年降水量以夏威夷考爱岛的迎风坡最多，达 12040 毫米；乞拉朋齐其次，达 11418 毫米。一日最大降水量出现在印度洋的留民旺岛，1952 年 3 月，一日最大降水量达 1870 毫米，比我国台湾新寮还多出 200 毫米。

最少的降水量出现在沙漠上。撒哈拉沙漠年降水量大都不到 50 毫米。埃及的阿斯旺和阿尔及利亚的英沙拉，多年平均降水量都是零，常常是万里无云，滴水不下。智得北部的安多斯一年平均降水量不到 1 毫米，中亚沙漠年降水量也在 50 毫米以下，如我国新疆的且末只有 9.4 毫米，若羌也只有 16.9 毫米。

108

第五节　梅雨来临

居住在长江中下游的人们，往往有这样的体验：晴雨多变的春天一过，初夏随着而来，但不久，天空又会云层密布，阴雨连绵，有时还会夹带着一阵阵暴雨。这就是人们常说的"梅雨"来临了。

"梅雨"的名称是怎么得来的呢？原来它源于我国的一个气象名词。梅雨，在古代常称为黄梅雨。早在汉代，就有不少关于黄梅雨的谚语；在晋代已有"夏至之雨，名曰黄梅雨"的记载。自唐宋以来，对梅雨更有许多妙趣横生的描述。唐代文学家柳宗元曾写过一首咏《梅雨》的诗："梅实迎时雨，苍茫值晚春，愁深楚猿夜，梦断越鸡晨。海雾连南极，江云暗北津，素衣今尽化，非为帝京尘。"其中的"梅实迎时雨"，指梅子熟了以后，迎来的便是"夏至"节气后"三时"的"时雨"。现在气象上的梅雨是泛指初夏向盛夏过渡的一段阴雨天气。

宋代贺铸曾被称誉为"贺梅子"，据说就是因为他在《青玉案》一词中写下了这样的名句："一川烟草，满城风絮。梅子黄时雨。"宋代陈岩肖在《庚溪诗话》中也有"江南五月梅熟时，霖雨连旬，谓之黄梅雨"的记述。明代徐应秘在《玉芝堂谈荟》中写道："芒后逢壬立梅，至后逢壬断梅"。历史上所称的"黄梅雨"通常是指"梅"节令内的降水。长江中下游地区的群众习惯上取"芒种"节气为梅节令，此时正值梅熟时节，因此也叫"黄梅"。

此外，由于这一时段的空气湿度很大，百物极易获潮霉烂，故人们给梅雨起了一个别名，叫做"霉雨"。明代谢在杭的《五杂炬·天部一》记述："江南每岁三、四月，苦霪雨不止，百物霉腐，俗谓之梅雨，盖当梅子青黄时也。白徐淮而北则春夏常旱，至六七月之交，愁霖雨不止，物始霉焉。"明代杰出的医学家李时珍在《本草纲目》中更明确指出："梅雨或作霉雨，言其沾衣及物，皆出黑霉也。"

可见，"梅雨"或"霉雨"的称谓由来已久，它开始在我国流传，至少可追溯到1000多年前。

我国长江中下游地区，通常每年6月中旬到7月上旬前后，是梅雨季节。天空连日阴沉，降水连绵不断，时大时小。所以我国南方流行着这样的谚语："雨打黄梅头，四十五日无日头。"持续连绵的阴雨、温高湿大是梅雨的主要特征。

与同纬度地区的气候迥然不同，梅雨是指一定地区和一定季节内发生的天气气候现象。研究发现，欧亚大陆在北纬20°~40°之间，为副热带高压和西风带交替控制的地带。大陆西岸，夏季受副热带高压东侧下沉气流控制，天气晴朗少云，气候炎热干燥；冬季在西风带影响下，从大西洋带来暖湿空气，形成较多的降水，使气候变得温和多雨，即表现为副热带夏干冬湿的地中海式气候。

大陆东岸，夏季受副热带高压西侧控制，下沉空气原来也较干，但从暖湿海面吸收大量水汽，因而带来丰沛的降水，产生了副热带湿润气候。这里由于海陆对比十分强烈，形成了独特的季风气候，其显著特点是夏雨冬干，雨量集中在夏季，恰与地中海式气候相反。

如果和同纬度的英国东岸比，也是截然不同。美国东岸中纬地带夏季风来临前后就不会出现长时期的阴雨天气，人们从未有长期天气闷热之感，发霉现象难以出现。可见，在同一纬度上降水季节迥然不同。所以，在世界上，只有我国长江中下游两岸，大致起自宜昌以东，北纬29°~33°的地区，以及日本东南部和朝鲜半岛最南部有梅雨出现。也就是说，梅雨是东亚地区特有的天气气候现象，在我国则是长江中下游特有的天气气候现象。

虽然梅雨是长江中下游地区特有的天气气候，但它的出现却不是孤立的，是和大范围雨带南北位移紧紧相连的。

在东经11°以东的我国东部地区，汛期从5月中旬到6月上旬，主要雨带摆动在南岭山脉和南岭以南地区。在个别年份，虽然在某一段时间内移到南岭以北地区，但是从一个候（5天为一候）或一个旬的多年平均情况来看，它往往是维持在北纬28°～29°以南。这个时期就称为"江南雨季"或"华南前汛期"。

6月中下旬，主要雨带北移到北纬29°～33°范围内（即西自我国宜昌，东经长江口，然后越海到日本；南起我国两湖盆地北至淮河南岸），稳定少动。这时南岭以南地区已处在雨带之外，阴雨天气结束；而长江中下游地区告别了风和日丽的初夏，迎来了阴雨绵绵的季节，大雨、暴雨时而出现，一直维持到7月上旬，这就是长江中下游著名的梅雨季节。

7月中旬开始，雨带再次北移，到了北纬33°以北地区。先后在黄河、淮河流域以及华北、东北等地停滞、徘徊，造成一次又一次强降雨过程，分别称为"黄淮雨季"、"华北雨季"。此时，长江中下游梅雨结束，骄阳高挂，进入了炎热的盛夏季节。这种天气一直要维持到8月下旬，然后雨带才随着冷空气的逐渐活跃而快速南撤，在不到一个月的时间内，使雨带一直退到华南沿海地区。雨带的这种规律性变化，说明长江中下游的梅雨并不是孤立的、局部的天气气候现象，而是我国东部地区主要雨季活动的一个组成部分，是主要雨带向北移动过程中在长江中下游地区停滞的反映。

第六节　正常梅雨和异常梅雨

梅雨是初夏季节长江中下游特有的天气气候现象，它是我国东部地区主要雨带北移过程中在长江流域停滞的结果，梅雨结束，盛夏随之到来。这种季节的转变以及雨带随季节的移动，年年大致如此，已形成一定的气候规律性。但是，每年的梅雨并不完全一致，存在很大的年际变化。

在气象上，把梅雨开始和结束的时间，分别称为"入梅"（或"立梅"）和"出梅"（或"断梅"）。我国长江中下游地区，平均每年6月中旬入梅，7月上旬出梅，历时20多天。但是，对各具体年份来说，梅雨开始和结束的早晚、梅雨的强弱等，存在着很大差异，因而使得有的年份梅雨明显，有的年份不明显，甚至产生空梅现象。如1954年梅雨季节异常持久，长达2个多月，使长江中下游地区出现了历史上罕见的涝年；而1958年梅雨期只有两三天，出现了历史上少有的旱年。

（1）正常梅雨

长江中下游地区正常的梅雨约在6月中旬开始，7月中旬结束，也就是出现在"芒种"和"夏至"两个节气内。梅雨期长约20～30天，雨量在200～400毫米之间。"小暑"前后起，主要降雨带就北移到黄（河）、淮（河）流域，进而移到山东和华北一带。长江流域由阴雨绵绵、高温高湿的天气开始转为晴朗炎热的盛夏。据统计，这种正常梅雨，大约占总数的1/2。

（2）早梅雨

有的年份，梅雨开始的很早，在5月底或6月初就会突然到来。在气象上，通常把"芒种"以前开始的梅雨，统称为"早梅雨"。早梅雨会带来一些反常的现象。例如，由于在梅雨刚刚开始的一段时间内，靠近地面的大气层里，从北方南下的冷空气还是很频繁的，因此，阴雨开始之后，气温还比较低，甚至有冷飕飕的感觉，农谚说"吃了端午棕，还要冻三冻"就是这个意思；同时也没有明显的潮湿现象。长江中下游部分地区的农民，把这一段温度比较低的黄梅雨称为"冷水黄梅"。以后，随着阴雨维持时间的延长、暖湿空气加强，温度会逐渐上升，湿度不断增大，梅雨固有的特征也就越来越明显了。

早梅雨的出现机会，大致上是十年一遇。这种早梅雨往往呈现两种情形。一种是开始早，结束迟，甚至拖到 7 月下旬才结束，雨期长达四五十天，个别年份长达 2 个月。另一种是开始早，结束也早，到 6 月下旬，长江中下游地区就进入了盛夏，由于盛夏提前到来，常常造成长江中下游地区不同程度的伏旱。

（3）迟梅雨

同早梅雨相反的是姗姗来迟的梅雨，在气象上通常把 6 月下旬以后开始的梅雨称为"迟梅雨"。迟梅雨的出现机会比早梅雨多。由于迟梅雨开始时节气已经比较晚，暖湿空气一旦北上，其势力很强，同时，太阳辐射也比较强，空气受热后，容易出现激烈的对流，因而迟梅雨常常多雷雨阵雨天气。人们也把这种黄梅雨称为"阵头黄梅"。迟梅雨的持续时间一般不长，平均只有半个月左右。不过，这种梅雨的降雨量有时却相当集中。

（4）特长梅雨

1954 年我国江淮流域出现了百年一遇的特大洪水，这次大水，就是由持续时间特别长的梅雨造成的。这一年，长江中下游的梅雨开始之前的 5 月下半月，春雨已经很多，梅雨又来得很早，6 月初就开始了。天气一直阴雨连绵，并且不时有大雨、暴雨出现，维持的时间特别长，直到 8 月初才"出梅"。当阴雨结束转入盛夏天气时，已经临近"立秋"了。这一年整个梅雨期长达 2 个月，连同 5 月份的春雨，则达到 2.5 月以上。进入"小暑"、"大暑"以后，长江中下游本来应该是晴朗炎热的"伏天"了，却一直是阴云密布难见太阳，瓢泼的大雨不时倾泻到地面上来，不少地区洪水滚滚、"寒气"袭人。

这一年长江中下游地区 5～7 月三个月的雨量，一般都达到 800～1000 毫米，接近该地区正常年份全年的雨量；部分地区，雨量多达 1500～2000 毫米，相当于同一地区 1.5 年的雨量，导致洪水泛滥成灾。我们国家地域辽阔，局部洪涝经常发生。有的可能是由于台风雨引起的，有的可能是别的天气系统接连带来的几次暴雨造成的，但它们的持续时间不长，洪水退去比较快，影响范围也比较小。像 1954 年这样，阴雨时间达到两个多月之久，造成长江流域全流域性洪水的现象，是极为罕见的。这种罕见的大水，常常是与异常梅雨联系在一起的，像 1998 年的大水，也是特别长的梅雨所造成的。

（5）短梅和空梅

同特别长的梅雨完全相反的是，有些年份梅雨非常不明显，它像来去匆匆的过客，在长江中下游地区停留 10 来天以后，就急急忙忙地向北去了。而且这段时间里雨量也不大，难得有一二次大雨。这种情况称为"短梅"。更有甚者，有些年份从初夏开始，长江流域一直没有出现连续的阴雨天气。多数日子是白天晴朗暖和，早晚非常凉爽，出现了"黄梅时节燥松松"的天气。本来在梅雨时节经常要出现的衣服发霉现象，也几乎没有发生。这段凉爽的天气一过，接着就转入了盛夏。这样的年份称为"空梅"。"短梅"和"空梅"的出现机会，平均为十年中 1～2 次。"短梅"和"空梅"的年份，常常有伏旱发生，有些年份还可以造成大旱。

（6）倒黄梅

有些年份，长江中下游地区黄梅天似乎已经过去，天气转晴，温度升高，出现盛夏的特征。可是，几天以后，又重新出现闷热潮湿的雷雨、阵雨天气，并且维持相当一段时期。这种情况就好像黄梅天在走回头路，重返长江中下游，所以称为"倒黄梅"。"小暑一声雷，黄梅倒转来。"这是长江中下游地区广为流传的一句天气谚语。它的意思是说，在梅雨过去以后，如果"小暑"出现打雷，则梅雨又会倒转过来。这是有一定道理的。因为梅雨结束之后，长江中下游地区的天气，通常是越来越稳定的，而雷雨却是天气不稳定的象征。况且时至"小暑"，通常冷空气已不再影响长江流域，而雷雨的出现常常和北方小股冷空气南下有关，这种冷空气的南下，有利于雨带在长江中下游重新建立。当然，"倒黄梅"并不一定在小暑日打雷以后出现。一般说来，"倒黄梅"维持的时间不长，短则1周左右，长则十天半月。但是在"倒黄梅"期间，由于多雷雨阵雨，雨量往往相当集中，这是需要注意的。由于"倒黄梅"属于梅雨的一种，它在结束之后，通常都转为晴热的天气。

从上面所介绍的各种梅雨中，可以看到，通常被人们视为大同小异的黄梅雨，实际上是多种多样的，它们之间的差别，有时还是相当悬殊的。以"入梅"来说，最早的在5月26日，最迟的在7月9日；"出梅"最早的在6月16日，最迟的在8月2日，相差均可达到1.5个月。梅雨最长的年份持续2个多月，可以引起罕见的大水，而短的年份仅仅几天，还有的甚至出现"空梅"，带来严重的干旱。可见，梅雨是一种复杂的天气气候现象，它远不是像农历历本上所定的"入梅"、"出梅"那样简单。相对正常梅雨而言，"早梅"、"迟梅"、"特别长的梅雨"、"空梅"以及严重的"倒黄梅"，都属于异常梅雨。

第七节 我国的梅雨天气过程

梅雨是如何形成的呢？要回答这个问题，实际上就是要弄清楚停滞在长江中下游地区的雨带是如何造成的。为此，我们要从梅雨期间高、低空的大气环流形势入手，了解梅雨期的天气过程。

一、梅雨期的地面形势

长江中下游地区处在欧亚大陆东部的中纬度，一方面受到从寒带南下的冷空气影响，另一方面又受到从热带海洋北上的暖湿空气影响。每年从春季开始，暖湿空气势力逐渐加强，从海上进入大陆，先至华南地区，嗣后进一步增强北移，到了初夏常常伸展到长江中下游地区，有时还可到达淮河及其以北地区。特别是在二三千米的低空，常有一支来自海洋的非常潮湿的强偏南气流，风速达到每秒十几米到 20 米左右。当它进入我国大陆以后，就与从北方南下的冷空气相遇。冷暖空气相遇，交界处形成锋面，锋面附近产生降水，梅雨就属于锋面降水的性质。

如果冷空气势力比较强，云雨区将随着冷空气向南移动；如果暖空气比较强，云雨区则会随着暖空气向北移动。显然，在这两种情况下，它们都不会在一个地区停滞下来。但初夏时期，在长江中下游地区，一方面暖湿空气已经相当活跃，另一方面从北方南下的冷空气还有一定的力量，特别是在靠近地面的空气层里，常有一小股、一小股的冷空气南下。这样，冷、暖空气就在这个地区对峙，互相争雄，形成一条稳定的降雨带。这条雨带南北只有二三百千米，东西长却可达二千千米左右，横贯在长江中下游，向东一直可以伸展到日本。正是因为这条雨带的影响，所以日本的梅雨也很明显。

这条雨带在短时间里也往往有比较小的南北摆动。当冷空气加强时，它稍微南移；当暖空气加强时，它又重新北抬。当这条狭窄的雨带在南北方向做小幅度摆动时，雨带附近的地区就会出现时晴时雨的天气。在这条雨带上，还不时有一个个降雨强度比较大的中心出现。在降雨中心经过的地区，常常会出现一次次大雨或暴雨。

实际上，这条降雨带也就是冷暖空气前锋所形成的交界面——即气象广播中通常说的"锋面"的产物。不过，这种锋面与一般的锋面有许多不同之处。第一，这种锋面特别稳定。它不仅不像"冷锋"、"暖锋"那样有明显的移动，而且与一般的"静止锋"也不同。通常，"静止锋"在一个地区只能停留一二天，多则三四天。但是，梅雨锋在长江流域活动的时期，却正是东亚广大地区大气运动发生两次跳跃性变化之间的一段时期，在这段时期内，冷暖空气长时间相遇在长江中下游，并且双方势均力敌，各不相让，处于拉锯状态，致使这条锋面及其降雨带在相当长的时期内特别稳定，从而给长江中下游带来了持续的阴雨天气。第二，梅雨锋的南北两侧冷暖空气性质上的差异，主要表现在空气的湿度上，即南边来自海洋上的空气湿度较大，与北边的干冷空气迥然不同。而锋面两侧空气在温度方面的差异，要比其他季节的锋面小得多，冷空气过境之后，没有明显的降温。第三，它的降雨区在南北方向上很狭窄，不像冬春季节的锋面那样有十分宽广的雨区。但其降水强度，却要比别的季节强烈得多。

由于这些特点是梅雨期间所特有的，因此，气象界把这条锋面称为"梅雨锋"。

二、副热带高压的影响

冬季，西太平洋副热带高压位置偏南，它的主体位于热带洋面上，脊线位于北纬15°附近。这个时候，从北方南下的冷空气势力很强，其前锋一直可移到南海海面，因此我国大陆上雨水一般较少。以后，副热带高压的外围逐渐向北扩展。春末夏初，南岭及其以南地区，已不时处在这个高压西北方向的西南气流的影响之下。这支西南气流与从北方南下的冷空气在这个地区持续地发生冲突，造成明显的降雨，因而进入了"江南雨季"。在这个时期内，有时西南气流增强，它可以伸展到长江流域甚至更北的地区，使江淮流域出现明显降雨，而华南出现较好天气。不过，由于副热带高压的主体这时仍然在热带海洋上，西南气流容易向南减退。有的时候它甚至从陆地退回到南海海面。当西南气流如此向南减退时，南岭以南地区也就由阴雨转晴。因此，江南雨季内南岭以南地区虽然不时出现阴雨天气，但晴雨交替的机会还是比较多的。

到长江中下游梅雨开始的时候，西太平洋副热带高压有一次明显的向北跳跃，即从热带海洋上北跳到华南沿海地区，脊线徘徊于北纬20°~25°之间。在这次北跳的同时，西太平洋高压还加强西伸，控制了华东南部及华南地区，并从此就在华南沿海稳定下来。华南地区因为处在这个高气压的控制下，转入晴热的盛夏。而副热带高压西北方向的那支暖湿气流则控制了长江中下游地区，它与北方南下的冷空气之间，构成了"梅雨锋"，使长江中下游进入了梅雨期。这样维持二三十天之后，同高空西风急流

118

的再一次向北移动相联系，副热带高压也第二次向北跳跃。

这次跳跃之后，它的脊线在北纬27°～28°以北的地区停留下来。此时，长江中下游就在副热带高压的控制之下，梅雨结束，盛夏开始。华北地区则处于这个高压西北方向的暖湿气流控制之下，进入雨季盛期。从此，我国东南沿海地区上空也处于副热带高压南侧的东南气流控制之下，太平洋上发生的台风在这支东南气流操纵下，向西北方向侵袭这个地区。我国台风频繁活动的季节从此开始。不仅是台风，而且其他的热带天气系统，也开始侵袭华南地区。这样就在华南造成了一年中的第二个汛期。此时，由于台风活动的影响及其他一些原因，西太平洋副热带高压的位置虽然基本保持在北纬二十七八度以北，但却常常有一定的变动，不像梅雨期间那么稳定。在东西方向上，副高中心有时可以进入我国大陆，有时又移到日本周围。在南北方向上，北进时可以到达北纬35°以北，南退时可以退到北纬25°～26°。这样，这个高压西北方向的暖湿气流，就不是经常维持在一个地区。但是，当这股暖湿气流在某个地区与温带上空的低压槽相遇时，却会产生强烈的降雨。因此，华北雨季远不像长江中下游的梅雨那样阴雨绵绵和潮湿闷热，它主要是由一次次间隔比较明显的大雨和暴雨构成的。上面的对比说明了，长江中下游梅雨时期降雨带之所以特别稳定，潮湿闷热、时阴时雨的天气之所以一直维持，是同副热带高压在两次跳跃之间特别稳定分不开的。

三、高空西风急流的影响

冬春季节，在东亚地区原来存在两支强劲的西风。一支活动在北纬50°附近，它是温带急流在对流层中部的表现，也称为北支急流；另一支活动在北纬25°～30°附近，它是副热带急流在这个高度上的表现，也称为南支急流。这两支急流常在日本上空汇合，进一步加强，所以日本上空常常是急流特别强盛的区域。"入梅"以前，这种情况基本上是稳定的。虽然急流位置有时也南北摆动，但从整个东西范围来看，这种变动很小，而且短时间变动以后，仍然会回复到原来的情况。

在长江中下游"入梅"前后，急流会发生一次激烈的变动。南支急流明显减弱，北移上千千米，移到了北纬35°~40°附近；而北支急流则向更北的地方移去。有些年份，北支急流则合并在北纬40°附近的急流之中。这次变动不仅十分激烈，而且变动发生之后，急流就在新的位置上稳定下来。这样就开始了一个新的阶段，它与梅雨之前的状况显著不同。而且，在这次急流变动的同时，还使得对流层中部其他一些稳定的大型气压系统也随之发生了一次大的调整。这次调整对我国天气的影响，主要有两个方面：一是西北太平洋副热带高气压加强和北抬；一是原来经常出现在东亚沿海地区的低压槽消失。本来，我国东部地区处在这个低压槽（称东亚大槽）的后面，长江中下游高空以偏北气流为主。调整以后，新的低压槽建立在大陆上，强度也比原来弱得多。它的偏北气流到达的位置大大向北收缩，长江中下游地区的盛行气流有了明显改变。

东亚上空这次西风急流的变动幅度之大，变动以后之稳定，以及变动过程中同时引起其他大型气压系统变化之激烈，都是从冬季以来从未出现过的。只有这一次，才发生了如此广大和深刻的变化，因此，它是一次带有季节性转折的大变动。这次季节性的变动，带来了我国东部地区天气的转折。由于急流的北移，使得高空西风急流南侧冷暖空气交汇最频繁的地区移到了长江中下游，锋面常常停止在这个地区，江淮流域低气压活动也增多了，大片强烈的降雨常常在长江中下游出现。过去，由于东亚大槽后部偏北气流的影响，雨带即使移到长江流域，也稳定不下来，主要停留在南岭山脉及南岭以南。现在长江中下游地区对流层中部的盛行气流已经有了明显改变，它为雨带在长江中下游停滞扫除了障碍。由于这些因素，长江中下游的梅雨从此开始。

这种情况维持一段时间以后，东亚上空的西风急流又一次向北跳跃，北移到北纬 40°～50°地区。亚洲上空主要的低压槽再一次向内陆移动；西北太平洋副热带高压明显地伸向大陆，再次北跳，以至完全控制长江中下游地区。这样，雨带进一步移至我国的黄淮流域以至华北、东北地区。长江中下游从此梅雨结束，盛夏到来。

第五章　奇妙的风

　　自从 17 世纪出现了气压表，指出空气有重量因而有压力这个事实以后，为人们寻找风的奥秘提供了开窍的钥匙。19 世纪初，有人根据各地气压与风的观测资料，画出了第一张气压与风的分布图。这种图不仅显示了风从气压高的区域吹向气压低的区域，而且还指明了风的行进路线并不直接从高气压区吹向低气压区，而是一个向右偏斜的角度。

　　人们抓住气压与风的关系这一条从实践中得来的线索，进一步深入探究，总结出一套比较完整的关于风的理论。风朝什么地方吹？为什么风有时候刮起来特别迅猛有劲，而有时候却懒散无力，销声匿迹？这完全是由气压高低、气温冷暖等大气内部矛盾运动的客观规律支配着的。

第一节　风的成因

　　形成风的直接原因，是气压在水平方向分布的不均匀。大气由高气压区向低气压区作水平运动，就形成了风。空气运动是在力的作用下产生的，作用于空气的力有重力、气压梯度力、地转偏向力、惯性离心力、摩擦力。这些力的性质各不相同，对大气运动产生的作用也不一样。

（1）水平气压梯度力。气压梯度是一个向量，它垂直于等压面，由高压指向低压，数值等于单位距离内的气压差。水平气压梯度的单位通常用百帕/赤道度表示（1赤道度等于在赤道上经度相差1度间的距离，约为111千米）。水平气压梯度很小，一般为1百帕/赤道度~3百帕/赤道度。而垂直气压梯度在低层大气可达1百帕/10米，相当于水平气压梯度的十万倍，但有重力与其平衡，因此，运动的空气所受的总垂直分力并不大，对空气产生运动的作用并不如水平气压梯度明显。水平气压梯度虽小，却是推动空气运动的起始动力，是空气产生水平运动的直接原因和动力。

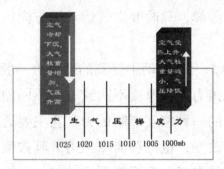

气压梯度力的产生

（2）地转偏向力。空气在转动的地球表面按水平气压梯度力方向运动的同时，会受到地球自转偏向力的影响。全球各纬度带的地转偏向力数值大小不等，赤道上的地转偏向力为零，极地的地转偏向力最大，其他纬度的地转偏向力介于两者之间。地转偏向力的方向在北半球指向物体运动的右方，在南半球指向物体运动的左方。地转偏向力只在空气相对于地表有运动时才产生，并且只改变空气运动的方向（风向），而不改变空气的运动速率（风速）。

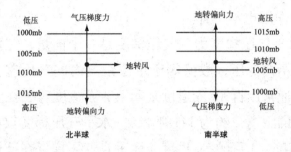

地转风

（3）惯性离心力。当空气作圆周曲线运动时还受到惯性离心力的作用。它的方向和空气运动方向垂直。实际上，空气运动时受到的惯性离心力一般比较小，往往小于地转偏向力。惯性离心力和地转偏向力一样，只改变空气运动的方向，不改变空气运动的速度。

（4）摩擦力。大气运动中受到的摩擦力一般分为内摩擦力和外摩擦力。内摩擦力是在速度不同或方向不同的相互接触的两个空气层之间产生的一种相互牵制的力，它主要通过湍流交换作用使气流速度发生改变，也称湍流摩擦力，其数值很小，往往不予考虑。外摩擦力是空气贴近下垫面运动时，下垫面对空气运动的阻力。它的方向与空气运动方向相反。一般海洋上摩擦力小，陆地上摩擦力大，所以海上风大，陆上风小。摩擦力可减小空气运动的速度，并引起地转偏向力相应减小。摩擦力对运动空气的影响以近地面最为显著，随着高度的增加而逐渐减小，到 1～2 千米高度以上，摩擦力的影响已小到可忽略不计。因此，把此高度以下称为摩擦层，以上称为自由大气。

风是由气压分布的差异所引起的，但引起各地气压差异的原因又是什么呢？这里来介绍一下"热极生风"。

从字面上看，"热极生风"的意思是说：一个地方热得太厉

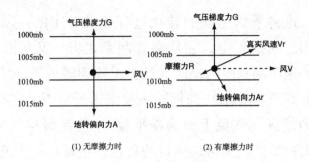

(1) 无摩擦力时	(2) 有摩擦力时

摩擦力对风的影响

害，不久便会产生大风。夏天雷雨大风之前，空气往往热得出奇；而在冬天天气回暖，热得反常的时候，不久也会有冷空气大风来临。

　　热与冷是相比较而存在的，这个地区热得反常了，与别的地区一比较，就会比出冷来了。如果那里原来受冷空气控制，那两个区域之间冷热的差异就更大了。

　　在一定条件下各种矛盾运动都可以互相转化。冷热的矛盾也可以转化为气压高低的矛盾：热空气发生膨胀，引起该区空气密度减小，结果使得单位面积上承受的空气柱重量也减小，也就是说，那里的气压降低了；相反的，一个地区冷下来的结果会引起那里气压的升高。可见，两地间如果发生了冷热的差异，就会相应地引起气压的差异，冷热差异越大，气压差异也越大。

　　两地间气压差加大，气压梯度力就会增加，风也越刮越有劲。迅猛异常的雷雨大风和冷空气大风，就是因为雷雨地区、冷空气地区与暖区之间发生了很大的温度差，从而引起很大的气压差和很大的气压梯度力而产生的。这样，冷和热的矛盾运动，通过气压高低的矛盾，最后又转化为风的矛盾运动，热运动转化成为风的机械运动。

然而，这种矛盾运动的转化过程还没有完结：风刮起来以后，川流不息到处奔走，它从南方刮到北方，又从北方刮到南方，从暖的地区刮到冷的地区（气象上称为暖平流，常用高空等压面图上等高线与等温线迭加在一起来进行分析），又从冷的地区刮到暖的地区（气象上称为冷平流），使冷暖空气来来往往，这样风就很自然地成为传送热量的角色。它每走一步就会引起经过之处温度的改变，从而也使各地之间的温度差异发生变化。于是风的机械运动终于又转化为冷与热的矛盾运动。然后，冷与热的矛盾运动又可通过气压高低的矛盾转化为风的机械运动……这种转化过程，一次次地循环，没完没了。

风受大气环流、地形、水域等不同因素的综合影响，表现形式多种多样，如季风、地方性的海陆风、山谷风、焚风等。

第二节　风向和风力等级

气象上把风吹来的方向确定为风的方向。因此，风来自北方叫做北风，风来自南方叫做南风。气象台站预报风时，当风向在某个方位左右摆动不能肯定时，则加以"偏"字，如偏北风。当风力很小时，则用"风向不定"来说明。

风向的测量单位，我们用方位来表示。如陆地上，一般用16个方位表示，海上多用36个方位表示，在高空则用角度表示。用角度表示风向，是把圆周分成360°，北风是0°（即360°），东风是90°，南风是180°，西风是270°，其余的风向都可以由此计算出来。

为了表示某个方向的风出现的频率，通常用风向频率这个量，它是指一年（月）内某方向风出现的次数和各方向风出现的总次数的百分比，即

风向频率＝某风向出现次数/风向的总观测次数×100%

由计算出来的风向频率，可以知道某一地区哪种风向比较多，哪种风向最少。根据观测发现，我国华北、长江流域、华南及沿海地区的冬季多刮偏北风（北风、东北风、西北风），夏季多刮偏南风（南风、东南风、西南风）。

测定风向的仪器之一为风向标，它一般离地面 10~12 米高，如果附近有障碍物，其安置高度至少要高出障碍物 6 米以上，并且指北的短棒要正对北方。风向箭头指在哪个方向，就表示当时刮什么方向的风。测风器上还有一块长方形的风压板（重型的重 800 克，轻型的重 200 克），风压板旁边装一个弧形框子，框上有长短齿。风压板扬起所过长短齿的数目，表示风力大小。现在，气象台站普遍采用的是我国自行设计制造的 EIJ 型电接风向风速计。

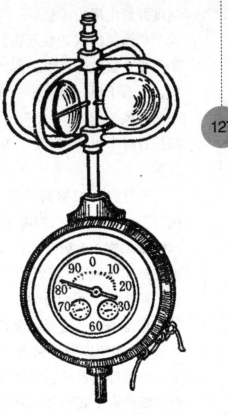

127

轻便风速表

在气象台站发布的天气预报中，我们常会听到这样的说法：风向北转南，风力 2~3 级。这里的"级"是表示风速大小的。

风速就是风的前进速度。相邻

两地间的气压差愈大，空气流动越快，风速越大，风的力量自然也就大。所以通常都是以风力来表示风的大小。风速的单位用米/秒或千米/小时来表示。而发布天气预报时，用的大都是风力等级。

风力的级数是怎样定出来的呢？

1000多年以前的我国唐代，人们除了记载晴阴雨雪等天气现象之外，也有了对风力大小的测定。唐朝初期还没有发明测定风速的精确仪器，但那时已能根据风对物体征状，计算出风的移动速度并订出风力等级。

李淳风的《现象玩占》里就有这样的记载："动叶十里，鸣条百里，摇枝二百里，落叶三百里，折小枝四百里，折大枝五百里，走石千里，拔大根三千里。"这就是根据风对树产生的作用来估计风的速度，"动叶十里"就是说树叶微微飘动，风的速度就是日行十里；"鸣条"就是树叶沙沙作响，这时的风速是日行百里。

另外，还根据树的征状定出一些风级，如《乙巳占》中所说，"一级动叶，二级鸣条，三级摇枝，四级坠叶，五级折小枝，六级折大枝，七级折木，飞沙石，八级拔大树及根"。这八级风，再加上"无风"、"和风"（风来时清凉，温和，尘埃不起，叫和风）两个级，可合十级。这些风的等级与国外传入的等级相比较，相差不大。这可以说是世界上最早的风力等级。

200多年以前，风力大小仍没有测量的仪器，也没有统一规定，各国都按自己的方法来表示。当时英国有一个叫蒲福的人，他仔细观察了陆地和海洋上各种物体在大小不同的风里的情况，积累了50年的经验，才在1805年把风划成了13个等级。后来，又经过研究补充，才把原来的说明解释得更清楚了，并且增添了

128

每级风的速度，便成了现在预报风力的"行话"。有些地方还把风力等级的内容编成了歌谣，以便记忆：

0级无风炊烟上，1级软风烟稍斜，2级轻风树叶响，3级微风树枝晃，4级和风灰尘起，5级清风水起波，6级强风大树摇，7级疾风步难行，8级大风树枝折，9级烈风烟囱毁，10级狂风树根拔，11级暴风陆罕见，12级飓风浪滔天。

风力等级表

风力等级	海面浪高（米）		海面和渔船征象	陆上地面物征象	相当风速（米/秒）	
	一般	最高			范围	中数
0	—	—	平静	静烟直上	0~0.2	0
1	0.1	0.1	有微波	烟能表示风向，树叶略有摇动	0.3~1.51	
2	0.2	0.3	有小波纹，渔船摇动	人面感觉有风，树叶有微响，旗子开始飘动，高的草和庄稼开始摇动	1.6~3.3	2
3	0.6	1	有小浪，渔船渐觉簸动	树叶及小枝摇动不息，旗子展开，高的草和庄稼摇动不息	3.4~5.4	4
4	1	1.5	浪顶有些白色泡沫，渔船满帆时，可使船身倾于一侧	能吹起地面灰尘和纸张，树枝摇动，高的草和庄稼波浪起伏	5.5~7.9	7

（续表）

风力等级	海面浪高（米）		海面和渔船征象	陆上地面物征象	相当风速（米/秒）	
	一般	最高			范围	中数
5	2	2.5	浪顶白色泡沫较多，渔船收去帆之一部	树叶及小枝摇摆，内陆的水面有小波，高的草和庄稼波浪起伏明显	8～10.7	9
6	3	4	白色泡沫开始被风吹离浪顶，渔船缩帆大部分	大树枝摇动，电线呼呼有声，撑伞困难，高的草和庄稼不时倾伏于地	10.8～13.8	12
7	4	5.5	白色泡沫离开浪顶，被吹成条纹状	全树摇动，大树枝弯下来，迎风步行感觉不便	13.9～17.1	16
8	5.5	7.5	白色泡沫被吹成明显的条纹状	折毁小树枝，人迎风前行感觉阻力甚力	17.2～20.7	19
9	7	10	被风吹起的浪花使水平能见度减小，机帆船航行困难	草房遭受破坏，房瓦被掀起，大树枝可折断	20.8～24.4	23
10	9	12.5	被风吹起的浪花使水平能见度明显减小，机帆船航行颇危险	树木可被吹倒，一般建筑物遭破坏	24.5～28.4	26
11	11.5	16	被风吹起的浪花使水平能见度明显减小，机帆船遇之极危险	大树可被吹例，一般建筑物遭严重破坏	28.5～32.6	31
12	14	–	海浪滔天	陆上少见，其摧毁力极大	＞32.6	＞31

130

其实，在自然界，风力有时是会超过12级的。像强台风中心的风力，或龙卷风的风力，都可能比12级大得多，只是12级以上的大风比较少见，一般就不具体规定级数了。

第三节　阵风与季风

一、阵风

据观测，在离地面约1500米以上的高空，那里的空气流动速度几乎不变（高山地区除外），因此风呈现出一种稳定而均匀的状态。但是在离地面1000米或1500米之内，尤其是接近地面的空气，其流动速度时小时大，因而使风变得忽大忽小，吹在人身上有一阵阵的感觉，这就是阵风。

一般6级以下的风不会引起大的危害。6级或6级以上的风多阵风，才有一定的危害。气象广播时，经常报告阵风6~7级或8~9级等，是表示在有风的过程中，阵风可能达到的最大级数。

为什么会刮阵风呢？

阵风的产生是空气扰动的结果。我们知道，流体在运动中，流过固体表面时，会遇到来自固体表面的阻力，使流体的流速减慢。空气是流体的一种，当空气流经地面时，由于地面对空气发生了阻力，低层风速减小，而上层不变，这就使空气发生扰动。它不仅前进，且会下降。有时在空气流经的方向上，因为有丘陵、建筑物和森林等障碍物阻挡而产生回流，这就会造成许多不规则的涡旋。这种涡旋会使空气流动速度产生变化。当涡旋的流

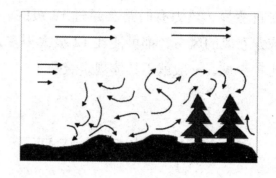

乱流

动方向与总的空气流动方向一致时，就会加大风速；相反，则会减小风速，所以风速时大时小。当涡旋与空气流动方向一致而加大风速时，会产生瞬时极大风速，这就是阵风。

一般来说，阵风的风速要比平均风速大50%或更高。平均风速愈大，地表面愈粗糙，阵风风速超过平均风速的百分率就越大。一次阵风到达最大风速后，约过1～2秒钟，风速就会小于平均风速的一半，然后再出现另一次最大风速。这样，地面上所吹的风就是一阵阵的了。

夏天，当北方有一股较强的冷空气到来时，由于地面太阳辐射增温，特别是中午到下午这段时间，地面温度增高较多，造成高空与地面温度差加大。同时，如果当地上空空气比以前潮湿，就有利于积雨云（即下雷雨的云）的发展，当积雨云发展到强盛阶段，高空的大雨滴就开始下降，速度愈降愈快，高空冷气流也随着下降。雨滴在下降途中有一部分被低空较高的温度蒸发掉，在雨滴被蒸发时，必然吸收周围的热量。因此，高空下降的冷气流愈变愈冷，而地面的温度较高，这样温差更大，气压差也就更大。强烈的冷气流从高空猛烈地冲下来，于是造成强烈的阵风。

在一天之内，尤其是夏天中午前后，空气对流旺盛，风的阵性增大；到了夜晚，空气对流减弱，风的阵性就不如白天显著。在一年里，春季风的阵性大，冬季风的阵性小。

二、季风

季风现象，在中国、印度及阿拉伯海沿岸一带，早在古代就已经引起人们的广泛注意。现在西文中的"季风"一词，来源于古代阿拉伯字 Mausim，它的意思即为气候。

季风，在我国古代有各种不同的名称，如信风、黄雀风、落梅风。季风在沿海地区又叫舶风，所谓舶风即夏季从东南洋面吹至我国的东南季风。由于古代海船航行主要依靠风力，冬季的偏北季风不利于从南方来的船舶驶向大陆，只有夏季的偏南季风才能使它们到达中国海岸。因此，偏南的夏季风又被称作舶风。当东南季风到达我国长江中下游时候，这里具有地区气候特色的梅雨天气便告结束，开始了夏季的伏旱。北宋苏东坡《船舶风》诗中有"三时已断黄梅雨，万里初来船舶风"之句。在诗引中他解释说："吴中（今江苏的南部）梅雨既过，飒然清风弥间；岁岁如此，湖人谓之船舶风。是时海舶初回，此风自海上与舶俱至云尔。"诗中的"黄梅雨"又叫梅雨，是阳历6月~7月初长江中下游的连绵阴雨。"三时"指的是夏至后半月，即7月上旬。苏东坡诗中提到的7月上旬梅雨结束，而东南季风到来的气候情况，和现在的气候差不多。

究竟什么是季风？过去只认为风向有季节变化，就是季风。于是有人就说，中国的东南部季节特别明显，可是就从来没有见过季风！当然，季风还是有的，只是因为受地形影响，风向季节变化反映不出来。现代人们对季风的认识有了进步，至少有3点是公认的，即：（1）季风是大范围地区的盛行风向随季节改变的现象，这里强调"大范围"是因为小范围风向受地形影响很大；（2）随着风向变换，控制气团的性质也产生转变，例如，冬季风来时感到空气寒冷干燥，夏季风来时空气温暖潮湿；（3）随着盛行风向的变换，将带来明显的天气气候变化。

季风形成的原因，主要是海陆间热力环流的季节变化。夏季大陆增热比海洋剧烈，气压随高度变化慢于海洋上空，所以到一定高度，就产生从大陆指向海洋的水平气压梯度，空气由大陆指向海洋，海洋上形成高压，大陆形成低压，空气从海洋海向大陆，形成了与高空方向相反的气流，构成了夏季的季风环流。在我国为东南季风和西南季风。夏季风特别温暖而湿润。

冬季大陆迅速冷却，海洋上温度比陆地要高些，因此大陆为高压，海洋上为低压，低层气流由大陆流向海洋，高层气流由海洋流向大陆，形成冬季的季风环流。在我国为西北季风，变为东北季风。冬季风十分干冷。

不过，海陆影响的程度，与纬度和季节都有关系。冬季中、高纬度海陆影响大，陆地的冷高压中心位置在较高的纬度上，海洋上为低压。夏季低纬度海陆影响大，陆地上的热低压中心位置偏南，海洋上的副热带高压的位置向北移动。

当然，行星风带的季节移动，也可以使季风加强或削弱，但不是基本因素。至于季风现象是否明显，则与大陆面积大小、形状和所在纬度位置有关。大陆面积大，由于海陆间热力差异形成的季节性高、低压就强，气压梯度季节变化也就大，季风也就越明显。北美大陆面积远远小于欧亚大陆，冬季的冷高压和夏季的热低压都不明显，所以季风也不明显。欧亚大陆形状呈卧长方形，从西欧进入大陆的温暖气流很难达到大陆东部，所以大陆东

134

部季风明显。北美大陆呈竖长方形，从西岸进入大陆的气流可以到达东部，所以大陆东部也无明显季风。大陆纬度低，无论从海陆热力差异，还是行星风带的季风移动，都有利于季风形成，欧亚大陆的纬度位置达到较低纬度，北美大陆则主要分布在纬度30°以北，所以欧亚大陆季风比北美大陆明显。

第四节　海陆风与山谷风

一、海陆风

在海滨地区，只要天气晴朗，白天风总是从海上吹向陆地；到夜里，风则从陆地吹向海上。从海上吹向陆地的风，叫做海风；从陆地吹向海上的风，称为陆风。气象上常把两者合称为海陆风。

海陆风和季风一样，都是因为海陆分布影响所形成的周期性的风。不过海陆风是以昼夜为周期，而季风的风向却随季节变化，同时海陆风范围也比季风小。那么海陆风是如何形成的呢？

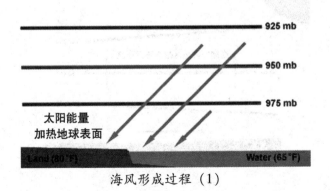

海风形成过程（1）

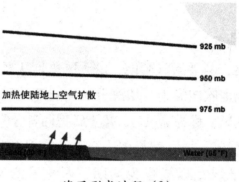

925 mb

950 mb

975 mb

陆地上空气增温迅速

Land (85°F)   Water (65°F)

海风形成过程（2）

925 mb

950 mb

加热使陆地上空气扩散

975 mb

Land (90°F)   Water (65°F)

海风形成过程（3）

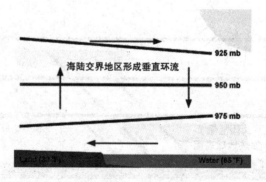

925 mb

海陆交界地区形成垂直环流

950 mb

975 mb

Land (90°F)   Water (65°F)

海风形成过程（4）

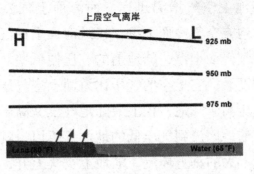

海风形成过程（5）

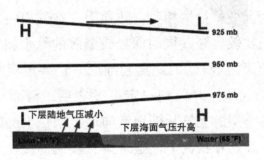

海风形成过程（6）

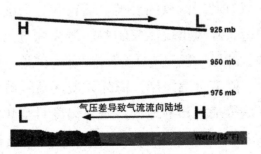

海风形成过程（7）

白天，陆地上空气增温迅速，而海面上气温变化很小。这样，温度低的地方空气冷而下沉，接近海面上的气压就高些；温度高的地方空气轻而上浮，陆地上的气压便低些。陆地上的空气上升到一定高度后，它上空的气压比海面上空气压要高些。因为在下层海面气压高于陆地，在上层陆地气压又高于海洋，而空气总是从气压高的地区流到气压低的地区，所以，就在海陆交界地区出现了范围不大的垂直环流。陆地上空气上升，到达一定高度后，从上空流向海洋；在海洋上空，空气下沉，到达海面后，转而流向陆地。这支在下层从海面流向陆地，方向差不多垂直海岸的风，便是海风。

夜间，情况变得恰恰相反：陆地上，空气很快冷却，气压升高；海面降温比较迟缓（同时深处较温暖的海水和表面降温之后的海水可以交流混合），因此比起陆面来仍要温暖得多，这时海面是相对的低气压区。但到一定高度之后，海面气压又高于陆地。因此，在下层的空气从陆地流向海上，在上层的空气便从海上流向陆地。在这种情况下，整个垂直环流的流动方向，也变得和前面海风里的垂直环流完全相反了。在这个完整的垂直环流的下层，从陆地流向海洋，方向大致垂直海岸的气流，便是陆风。

一般海风比陆风要强。因为白天海陆温差大，加上陆上气层较不稳定，所以有利于海风的发展。而夜间，海陆温差较小，所波及的气层较薄，陆风也就比较弱些。海风前进的速度，最大可达 5~6 米/秒，陆风一般只有 1~2 米/秒。滨海一带温差大，海陆风强度也大，随着远离海岸，海陆风便逐渐减弱。

海陆风发展得最强烈的地区，是在温度日变化最大，以及昼夜海陆温度差最大的地区。所以在气温日变化比较大的热带地区，全年都可见到海陆风；中纬地区海陆风较弱，而且大多在夏季才出现；高纬地区，只有夏季无云的日子里，才可以偶尔见到极弱的海陆风。我国沿海的台湾省和青岛等地，海陆风很明显，尤其是夏半年，海陆温差及气温日变化增大，所以海陆风较强，出现的次数也较多。而冬半年的海陆风就没有夏半年突出，出现机会比较少。

海风与陆风的范围小。以水平范围来说，海风深入大陆在温带约为 15～50 千米，热带最远不超过 100 千米；陆风侵入海上最远 20～30 千米，近的只有几千米。以垂直厚度来说，海风在温带约为几百米，热带也只有 1～2 千米，只是上层的反向风常常要更高一些。至于陆风则要比海风浅得多了，最强的陆风，厚度只有 200～300 米，上部反向风仅伸达 800 米。在我国台湾省，海风厚度较大，约为 560～700 米，陆风为 250～340 米。

海陆风交替的时间随地方条件及天气情况而不同。白天，陆地温度高于海洋；夜里，海洋温度高于陆地。陆地温度高于海洋的时间，一般为下午 2～3 时，这时候的海风最强。此后温度逐渐下降，海风便随着减弱，约在晚上 9～10 时，海陆温差没有了，海风也就停止了。夜里，陆地温度降得快，海洋温度比陆地下降得慢些，因此，在晚上 9～10 时以后，陆上变冷了，海上反而暖些。海陆温差的趋向改变了，海陆风的方向也改变了。从晚上 9～10 时的一度平静无风之后，接着微弱的陆风就开始了；这以后，海陆温差逐渐增大，陆风也越来越强；夜里 2～3 时左右，温差最大，这时的陆风也最强。天亮后，陆地渐渐暖起来，海陆温差越来越小，陆风逐渐，减弱；约在上午 9～10 时，海陆温差又消失了，陆风随着终止。

就这样，随着海陆昼夜温差的不断改变，白天出现的海风，下午 2～3 时最强，夜间出现的陆风，夜里 2～3 时最强；上午

9～10时和晚间9～10时，海陆温度几乎相同，温度差别消失，海风和陆风便消失了。

海风和陆风消失的时间，也正是从海风转为陆风（晚上9～10时）或从陆风转为海风（上午9～10时）的过渡时间。

海陆风必须在静稳的天气条件下才可以看得到，如果有强烈的天气系统，如飑线、风暴一类的天气系统出现时，就看不到海陆风的现象了。此外，如果是阴天，陆风吹刮的时间往往拖延很长，而海风出现的时间便一直推后下去，有时甚至迟到12时左右才开始。

海风登陆带来水汽，使陆地上湿度增大，温度明显降低，甚至形成低云和雾。夏季沿海地区比内陆凉爽，冬季比内陆温和，这和海风有关。所以海风可以调节沿海地区的气候。

二、山谷风

住在山区的人都熟悉，白天风从山谷吹向山坡，这种风叫谷风；到夜晚，风从山坡吹向山谷，这种风称山风。山风和谷风合称为山谷风。

山谷风的形成原理跟海陆风类似。

山风

谷风

白天，山坡接受太阳光热较多，成为一只小小的"加热炉"，空气增温较多；而山谷上空，同高度上的空气因离地较远，增温较少。于是山坡上的暖空气不断上升，并在上层从山坡流向谷

140

地，谷底的空气则沿山坡向山顶补充，这样便在山坡与山谷之间形成一个热力环流。下层风由谷底吹向山坡，称为谷风。到了夜间，山坡上的空气受山坡辐射冷却影响，"加热炉"变成了"冷却器"，空气降温较多；而谷地上空，同高度的空气因离地面较远，降温较少。于是山坡上的冷空气因密度大，顺山坡流入谷地，谷底的空气因汇合而上升，并从上面向山顶上空流去，形成与白天相反的热力环流。下层风由山坡吹向谷地，称为山风。

谷风的平均速度约 2～4 米/秒，有时可达 7～10 米/秒。谷风通过山隘的时候，风速加大。山风比谷风风速小一些，但在峡谷中，风力加强，有时会吹损谷地中的农作物。谷风所达厚度一般约为谷底以上 500～1000 米，这一厚度还随气层不稳定程度的增加而增大，因此，一天之中，以午后的伸展厚度为最大。山风厚度比较薄，通常只有 300 米左右。

在晴朗的白天，谷风把温暖的空气向山上输送，使山上气温升高，促使山前坡岗区的植物、农作物和果树早发芽、早开花、早结果、早成熟；冬季可减少寒意。谷风把谷地的水汽带到上方，使山上空气湿度增加，谷地的空气湿度减小，这种现象，在中午几小时内特别的显著。如果空气中有足够的水汽，夏季谷风常常会凝云致雨，这对山区树木和农作物的生长很有利；夜晚，山风把水汽从山上带入谷地，因而山上的空气湿度减小，谷地空气湿度增加。在生长季节里，山风能降低温度，对植物体营养物质的积累，块根、块茎植物的生长膨大很有好处。

山谷风还可以把清新的空气输送到城区和工厂区，把烟尘和漂浮在空气中的化学物质带走，有利于改善和保护环境。工厂的建设和布局要考虑有规律性的风向变化问题。山谷风风向变化有规律，风力也比较稳定，可以当作一种动力资源来研究和利用，发挥其有利方面，控制其不利方面，为社会主义建设服务。

值得重视的是，我国除山地以外，高原和盆地边缘也可以出现与山谷风类似的风：风向风速有明显的日变化。出现在青藏高原边缘的山谷风，特别是与四川盆地相邻的地区，对青藏高原边缘一带的天气有着很大的影响。在水汽充足的条件下，白天在山坡上空凝云致雨，夜间在盆地边缘造成降水。

第五节　焚风与干热风

一、焚风

142

当气流跨越山脊时，背风面上容易发生一种热而干燥的风，名叫焚风。这种风不像山风那样经常出现，它是在山岭两面气压不同的条件下发生的。

在山岭的一侧是高气压，另一侧是低气压时，空气会从高压区向低压区移动。在空气移动途中遇山受阻，被迫上升，气压降低，空气膨胀，温度也就随之降低。空气每上升 100 米，气温就下降 0.6℃，当空气上升到一定高度时，水汽遇冷凝结，形成雨雪落下。空气到达山脊附近后，变得稀薄干燥，然后翻过山脊，顺坡下降，空气在下降过程中，重又变得紧密，并出现增温的现象。空气每下降 100 米，气温就会升高 1℃。因此，空气

焚风

沿着高大的山岭沉降到山麓的时候，气温常会有大幅度的升高。迎风和背风两面的空气，即使高度相同，背风面空气的温度也总是比迎风面的高。每当背风山坡刮炎热干燥的焚风时，迎风山坡却常常下雨或落雪。

焚风的害处很多。它常常使果木和农作物干枯，降低产量，使森林和村镇的火灾蔓延并造成损失。19世纪，阿尔卑斯山北坡几场著名的大火灾，都是发生在焚风盛行时期的。焚风在高山地区可大量融雪，造成上游河谷洪水泛滥；有时能引起雪崩。如果地形适宜，强劲的焚风又可造成局部风灾，刮走山间农舍屋顶，吹倒庄稼，拔起树木，伤害森林，甚至使湖泊水面上的船只发生事故。

焚风有弊，但是它也有利。由于它能加速冬季积雪的溶化，不用等到明年春天，牛羊就可以在户外放牧了。焚风还丰富了当地的热量资源，像罗纳河谷上游瑞士的玉米和葡萄，就是靠了焚风的热量而成熟的；而焚风影响不到的邻近地区，这些庄稼就难以成熟。

二、干热风

在初夏季节，我国一些地区经常会出现一种高温、低湿的风，这就是干热风，也叫"热风"、"火风"、"干旱风"等。它是一种持续时间较短（一般3天左右）的特定的天气现象。

由于各地自然特点不同，干热风成因也不同。每年初夏，我国内陆地区气候炎热，雨水稀少，增温强烈，气压迅速降低，形成一个势力很强的大陆热低压。在这个热低压周围，气压梯度随着气团温度的增加而加大，于是干热的气流就围着热低压旋转起来，形成一股又干又热的风，这就是干热风。强烈的干热风，对当地小麦、棉花、瓜果可造成危害。

气候干燥的蒙古和我国河套以西、新疆、甘肃一带，是经常产生大陆热低压的地区。热低压离开源地后，沿途经过干热的戈壁沙漠，会变得更加干热，干热风也变得更强盛。位于欧亚大陆中心的塔里木盆地，气候极端干旱，强烈冷锋越过天山、帕米尔高原后产生的"焚风"，往往引起该地区大范围的干热风发生。

在黄淮平原，干热风形成的主要原因是以该区域的大气干旱为基础。春末夏初，正是北半球太阳直射角最大的季节，同时又是我国北方雨季来临前天气晴朗、少雨的时期。在干燥气团控制下，这里天晴、干燥、风多，地面增温快（平均最高气温可达25～30℃），凝云致雨的机会少，容易形成干热风。这种干热风，对这一带小麦后期的生长发育不利。

在江淮流域，干热风是在太平洋副热带高压西部的西南气流影响下产生的。太平洋副热带高压是一个深厚的暖性高压系统，自地面到高空都是由暖空气组成的。春夏之际，这个高气压停留在江淮流域上空，以后逐渐向北移动。由于在高压区内，风向是顺时针方向吹的，所以在副热带高压的西部，就吹西南风。位于副热带高压偏北部和西部地区，受这股西南风的影响，产生干热风天气。初夏时，北方仍有冷高压不断南下，势力减弱，发生变性；当它与副热带高压合并时，势力又得到加强，使晴好天气继续维持，干热风就更加明显。

在长江中下游平原，梅雨结束后天气晴朗干燥，偏南干热风往往伴随"伏旱"同时出现，对双季早稻（或中稻）抽穗扬花不利。

干热风对作物的危害，主要由于高温、干旱、强风迫使空气和土壤的蒸发量增大，作物体内的水分消耗很快，从而破坏了叶绿素等色素，阻碍了作物的光合作用和合成过程，使植株很快地由下往上青干。尤其是干热风常常和干旱一起危害作物。作物根部本来就吸不到应有的水分，而干热风却又从茎叶中把大量的水分攫取走了，因而使作物更快地萎黄枯死。

干热风常发生的初夏时节，正是我国北方小麦灌浆时期，碰上干热风，麦穗会被烤得不能灌浆，提前"枯熟"、麦粒干瘪，粒重下降，导致严重减产。

干热风的危害程度，还与干热风出现前几天的天气状况有关。如雨后骤晴，紧接着出现高温低湿的燥热天气，危害较重。在干热风发生前如稍有降水，对于减轻干热风危害是有利的。从播种时间的早晚来看，晚麦容易受害。所以，农谚说"早谷晚麦，十年九坏"。从农时来看，小满、芒种是一关，农谚有"小满不满，麦有一险"的说法。就是说，小麦在小满时还没有灌浆乳熟，是容易受到干热风危害的。

第六节　旋风与龙卷风

一、旋风

旋风是打转转的空气涡旋，是由地面挟带灰尘向空中飞舞的涡旋，这种涡旋正是我们平常看到的旋风，它是空气在流动中造成的一种自然现象，可是风为什么会打转转呢？

我们知道，当空气围绕地面上像树木、丘陵、建筑物等不平的地方流动时，或者空气和地面发生摩擦时，要急速地改变它的前进方向，于是就会产生随气流一同移动的涡旋，这就刮起了旋风。但是，这种旋风很少，也很小。

旋风形成的最主要原因，是当某个地方被太阳晒得很热时，这里的空气就会膨胀起来，一部分空气被挤得上升，到高空后温度又逐渐降低，开始向四周流动，最后下沉到地面附近。这时，受热地区的空气减少了，气压也降低了，而四周的温度较低，空气密度较大，加上受热的这部分空气从空中落下来，所以空气增多，气压显著加大。这样，空气就要从四周气压高的地方，向中心气压低的地方流来，跟水往低处流一样。但是，由于空气是在地球上流动，而地球又是时刻不停地从西向东旋转，那么空气在流动过程中就要受地球转动的影响，逐渐向右偏去（原来的北风偏转成东北风，南风偏转成西南风，西风偏转成西北风，东风偏转成东南风）。于是从四周吹来的较冷空气，就围绕着受热的低气压区旋转起来，成为一个和钟表时针转动方向相反的空气涡旋，这就形成了旋风。

这种旋风的中心，由于暖空气不断上升，加上四周的空气不断旋转，所以很容易把地面上的尘土、树叶、纸屑等卷到空中，并随空气的流动而旋转飞舞。如果旋风的势力较强，有时会把地面上的一些小动物，如小蛇、小虫等卷到空中去，在尘沙弥漫中随风前去。

一般小旋风的高度不太大，当它受到地面的摩擦或房屋、树木等的阻挡时，就渐渐消散变成普通的风。

也许有人还会问：既然地面受热就容易起旋风，那夏天比春天还热，为什么夏天旋风少而春天旋风多呢？这是因为夏天天气虽然很热，但是地面的草木青青，土地湿润，气温相差不大，所以夏天很少刮旋风。可是，在春天，树叶还没有全长出来，草也

146

刚发芽，庄稼地是一片光光的，处处没遮没挡，这就容易晒热，使地面上空气的温度变化较大，就容易刮旋风。

旋风能挟带灰尘、乱纸向空中飞舞，当然也能把地面的热量、水汽等带到空中，所以，它造成了空气的热量、水汽等的垂直混合，使空气中热量和水汽等的垂直分布均匀。但在地面附近旋风很小，垂直交换作用不大，因此在紧贴地面气层中形成了特殊的小气候。

二、龙卷风

龙卷风，因为与古代神话里从波涛中窜出、腾云驾雾的东海蛟龙很相像而得名，它还有不少的别名，如"龙吸水"、"龙摆尾"、"倒挂龙"等等。

现在我们知道，龙卷风是一个猛烈旋转着的圆形空气柱，它的上端与雷雨云相接，下端有的悬在半空中，有的直接延伸到地面或水面，一边旋转，一边向前移动。发生在海上，犹如"龙吸水"的现象，称为"水龙卷"；出现在陆上，卷扬尘土，卷走房屋、树木等的龙卷，称为"陆龙卷"。远远看去，它不仅很像吊在空中晃晃悠悠的一条巨蟒，而且很像一个不停摆动的大象鼻子。

这个"大象鼻"究竟是怎样形成的呢？

大自然里的龙卷风诞生在雷雨云里。在雷雨云里，空气扰动十分厉害，上下温差悬殊。在地面，气温是二十几摄氏度，越往高空，温度越低。在积雨云顶部8000多米的高空，温度低到零下三十几摄氏度。这样，上面冷的气流急速下降，下面热的空气猛烈上升。上升气流到达高空时，如果遇到很大的水平方向的风，就会迫使上升气流"倒挂"（向下旋转运动）。上层空气交

147

替扰动，产生旋转作用，形成许多小涡旋。这些小涡旋逐渐扩大，上下激荡越发强烈，终于形成大涡旋。大涡旋先是绕水平轴旋转，形成了一个呈水平方向的空气旋转柱。然后，这个空气旋转柱的两端渐渐弯曲，并且从云底慢慢垂了下来。对积雨云前进的方向来说，从左边伸出云体的叫"左龙卷"，从右边伸出云体的叫"右龙卷"；前者顺时针旋转，后者反时针旋转。伸到地面的一般是右龙卷，左龙卷伸下来的机会不多。

龙卷风

另外，龙卷风也容易在两条飑线的交点上发生。飑线经常出现在炎热季节强冷空气的最"前哨"。

龙卷风出现时，往往不止一个。有时从同一块积雨云中可以出现两个，甚至两个以上的"象鼻"——漏斗云柱。只是有的"象鼻"刚刚开始下伸，有的"象鼻"下端却已经接地或在接地后正在缩回云中，也有的在云底伸伸缩缩，始终不垂到地面。

龙卷风的范围小，直径平均为 200～300 米；直径最小的不过几十米，只有极少数直径大的才达到 1000 米以上。它的寿命也很短促，往往只有几分钟到几十分钟，最多不超过几小时。其移动速度平均 15 米/秒，最快的可达 70 米；移动路径的长度大多在 10 千米左右，短的只有几十米，长的可达几百千米以上。它造成破坏的地面宽度，一般只有 1~2 千米。

龙卷风的脾气极其粗暴。在它所到之处，吼声如雷，强得犹如飞机机群在低空掠过。这可能是由于涡旋的某些部分风速超过声速，因而产生小振幅的冲击波。龙卷风里的风速究竟有多大，人们还无法测定，因为任何风速计都经受不住它的摧毁。一般情况，风速可能在 50~150 米/秒，极端情况下，甚至达到 300 米/秒或超过声速。

超声速的风能，可产生无穷的威力。1896 年，美国圣路易斯的龙卷风夹带的松木棍竟把一厘米厚的钢板击穿。1919 年发生在美国明尼斯达州的一次龙卷风，使一根细草茎刺穿一块厚木板；而一片三叶草的叶子竟像楔子一样，被深深嵌入了泥墙中。不过，龙卷风中心的风速很小，甚至无风，这和台风眼中的情况很相似。

尤其可怕的是龙卷内部的低气压。这种低气压可以低到 400 百帕，甚至 200 百帕，而一个标准大气压是 1013 百帕。所以，在龙卷风扫过的地方，犹如一个特殊的吸泵一样，往往把它所触及的水和沙尘、树木等吸卷而起，形成高大的柱体，这就是过去人们所说的"龙倒挂"或"龙吸水"。当龙卷风把陆地上某种有颜色的物质或其他物质及海里的鱼类卷到高空，移到某地再随暴雨降到地面，就形成"鱼雨"、"血雨"、"谷雨"、"钱雨"了。

当龙卷风扫过建筑物顶部或车辆时，由于它的内部气压极低，造成建筑物或车辆内外产生强烈的气压差，顷刻间就会使建筑物或交通车辆发生"爆炸"。如果龙卷风的爆炸作用和巨大风力共同施展威力，那么它们所产生的破坏和损失将是极端严重的。

149

但是，在通常的情况下，如果龙卷风经过居民点，天空中便飞舞着砖瓦、断木等碎物，因风速很大，也能使人、畜伤亡，并将树木和电线杆砸成窟窿。就是一粒粒的小石子，也宛如枪弹似的，能穿过玻璃而不使它粉碎。

据统计，每个陆地国家都出现过龙卷风，其中美国是发生龙卷风最多的国家。加拿大、墨西哥、英国、意大利、澳大利亚、新西兰、日本和印度等国，发生龙卷风的机会也很多。我国的龙卷风主要发生在华南和华东地区，它还经常出现在南海的西沙群岛上。

由于龙卷风的发生与强烈雷暴的出现密切相关，所以龙卷风一般在暖季出现。但在没有雷暴的寒冷季节里，只要具备强烈对流的条件，也是可以出现龙卷风的。龙卷风在白天、夜间都能生成，但大部分发生在午后。有时，龙卷风同时有几个龙卷一起出现。

150

第七节 台风

台风，是发生在西北太平洋和南海一带的热带海洋上的猛烈风暴。为什么称为台风呢？有人说，过去人们不了解台风发源于太平洋，认为这种巨大的风暴来自台湾，所以称为台风；也有人认为，台风侵袭我国广东省最多，台风是从广东话"大风"演变而来的。事实上，几乎世界上位于大洋西岸的所有国家和地区，无不受热带海洋气旋的影响，只不过不同的地区人们给它的名称不同罢了。

发生在西北太平洋和南海一带的称台风，在大西洋、加勒比海、墨西哥湾以及东太平洋等地区的称飓风，在印度洋和孟加拉湾的称热带风暴，在澳大利亚的则称热带气旋。

一、台风的命名

对热带气旋的命名、定义、分类方法以及对中心位置的测定，因不同国家、不同方法互有差异，即使同一个国家，在不同的气象台之间也不完全一样。因此，常常引起各种误会，造成了使用上的混乱。为了改变这种局面，气象部门采取了对台风命名的办法。

第二次世界大战将结束时，美国军方在关岛上设置的联合台风警报中心（现已移至夏威夷），给各台风取名字。最初的名字全为女性，后来在1979年加入男性名字。2000年起，台风的命名改由国际气象组织中的台风委员会负责。现在西北太平洋及南中国海台风的名字，由台风委员会的14个成员（中国、朝鲜、韩国、日本、柬埔寨、越南等）各提供10个名字，分为5组列表。

实际命名的工作则交由日本气象厅（东京区域专业气象中心）负责。每当日本气象厅将西北太平洋或南海上的热带气旋确定为热带风暴强度时，即根据列表给予名字，并同时给予一个四位数字的编号。编号中前两位为年份，后两位为热带风暴在该年生成的顺序。例如0312，即2003年第12号热带风暴（当其达到强热带风暴强度时，称为第12号强热带风暴；当其达到台风强度时，称为第12号台风），英文名为KROVANH，中文名为"科罗旺"；0313即2003年第13号热带气暴，英文名为DUJUAN，中文名为"杜鹃"。台风中文名字的命名，是由我国气象局与香港和澳门的气象部门协商后确定。

台风命名一览

英文名	中文	英文名	中文	英文名	中文	英文名	中文	英文名	中文	名字来源
Damrey	达维	Kong－rey	康妮	Nakri	娜基莉	Krovanh	科罗旺	Sarika	莎莉嘉	柬埔寨
Haikui	海葵	Yutu	玉兔	Fengshen	风神	Dujuan	杜鹃	Haima	海马	中国
Kirogi	鸿雁	Toraji	桃芝	Kalmaegi	海鸥	Mujigea	彩虹	Meari	米雷	朝鲜
Kai－tak	启德	Man－yi	万宜	Fung-wong	凤凰	Choi－wan	彩云	Ma－on	马鞍	中国香港
Tembin	天秤	Usagi	天兔	Kammuri	北冕	Koppu	巨爵	Tokage	蝎虎	日本
Bolaven	布拉万	Pabuk	帕布	Phanfone	巴蓬	Ketsana	凯萨娜	Nock－ten	洛坦	老挝
Sanba	三巴	Wutip	蝴蝶	Vongfong	黄蜂	Parma	芭玛	Muifa	梅花	中国澳门
Jelawat	杰拉华	Sepat	圣帕	Nuri	鹦鹉	Melor	茉莉	Merbok	苗柏	马来西亚
Ewiniar	艾云尼	Fitow	菲特	Sinlaku	森拉克	Nepartak	尼伯特	Nanmadol	南玛都	密克罗尼西亚
Maliksi	马力斯	Danas	丹娜丝	Hagupit	黑格比	Lupit	卢碧	Talas	塔拉斯	菲律宾
Kaemi	格美	Nari	百合	Changmi	蔷薇	Mirinae	银河	Noru	奥鹿	韩国
Prapiroon	派比安	Wipha	韦帕	Mekkhala	米克拉	Nida	妮妲	Kulap	玫瑰	泰国
Maria	玛莉亚	Francisco	范斯高	Higos	海高斯	Omais	奥麦斯	Roke	洛克	美国
Son Tinh	山神	Lekima	利奇马	Bavi	巴威	Conson	康森	Sonca	桑卡	越南
Bopha	宝霞	Krosa	罗莎	Maysak	美莎克	Chanthu	灿都	Nesat	纳沙	柬埔寨
Wukong	悟空	Haiyan	海燕	Haishen	海神	Dianmu	电母	Haitang	海棠	中国
Sonamu	清松	Podul	杨柳	Noul	红霞	Mindulle	蒲公英	Nalgae	尼格	朝鲜
Shanshan	珊珊	Lingling	玲玲	Dolphin	白海豚	Lionrock	狮子山	Banyan	榕树	中国香港
Yagi	摩羯	Kajiki	剑鱼	Kujira	鲸鱼	Kompasu	圆规	Washi	天鹰	日本
Leepi	丽琵	Faxai	法茜	Chan-hom	灿鸿	Namtheun	南川	Pakhar	帕卡	老挝
Bebinca	贝碧嘉	Peipah	琵琶	Linfa	莲花	Malou	玛瑙	Sanvu	珊瑚	中国澳门
Rumbia	温比亚	Tapah	塔巴	Nangka	浪卡	Meranti	莫兰蒂	Mawar	玛娃	马来西亚
Soulik	苏力	Mitag	米娜	Soudelor	苏迪罗	Fanapi	凡亚比	Guchol	古超	密克罗尼西亚
Cimaron	西马仑	Hagibis	海贝思	Molave	莫拉菲	Malakas	马勒卡	Talim	泰利	菲律宾
Chebi	飞燕	Noguri	浣熊	Goni	天鹅	Megi	鲇鱼	Doksuri	杜苏芮	韩国
Mangkhut	山竹	Rammasun	威马逊	Morakot	莫拉克	Chaba	暹芭	Khanun	卡努	泰国
Utor	尤特	Matmo	麦德姆	Etau	艾涛	Aere	艾利	Vicente	韦森特	美国
Trami	潭美	Halong	夏浪	Vamco	环高	Songda	桑达	Saola	苏拉	越南

152

二、台风的发源地与发生条件

全世界每年平均有 80～100 个台风（我们这里将其他地区的热带气旋也称为台风）发生，其中绝大部分发生在太平洋和大西洋上。经统计发现，西太平洋台风发生主要集中在四个地区：菲律宾群岛以东和琉球群岛附近海面，这一带是西北太平洋上台风发生最多的地区，全年几乎都会有台风发生；关岛以东的马里亚纳群岛附近；马绍尔群岛附近海面上（台风多集中在该群岛的西北部和北部）；我国南海的中北部海面。

在热带海洋面上经常有许多弱小的热带涡旋，我们称它们为台风的"胚胎"，因为台风总是由这种弱的热带涡旋发展成长起来的。通过气象卫星已经查明，在洋面上出现的大量热带涡旋中，大约只有 10% 能够发展成台风。

一般说来，一个台风的发生，需要具备以下几个基本条件：

（1）首先要有足够广阔的热带洋面，这个洋面不仅要求海水表面温度要高于 26.5℃，而且在 60 米深的一层海水里，水温都要超过这个数值。

（2）在台风形成之前，预先要有一个弱的热带涡旋存在。

（3）要有足够大的地球自转偏向力，因赤道的地转偏向力为零，而向两极逐渐增大，故台风发生地点大约离开赤道 5 个纬度以上。

（4）在弱低压上方，高低空之间的风向风速差别要小。

上面所讲的只是台风产生的必要条件，具备这些条件，不等于就有台风发生。台风的发生是一个复杂的过程，至今尚未彻底搞清楚。

三、台风的结构与天气

台风是暖性低压，因而台风范围内的地面流场是气旋式辐合流场。按辐合气流速度的大小，一个发展成熟的台风，其低层沿经向方向可分为3个区域：（1）外圈：自台风边缘到最大风速区外缘，风速向中心急增，风力在6级以上，半径约200～300千米；（2）中圈：从最大风速区外缘到台风眼壁，是台风中对流和风雨最强烈的区域，半径为100千米；（3）内圈：即台风眼区，风速迅速减小，半径约5～30千米。

台风流场的垂直分布，大致分为3层：（1）从地面到3千米（主要是从500～1000米的摩擦层）为低层气流流入层，气流有显著向中心辐合的经向分量。由于地转偏向力的作用，内流气流呈气旋式旋转，并在向内流入过程中，愈接近台风中心，旋转半径愈短，等压线曲率愈大，离心力也相应增大。在地转偏向力和离心力的作用下，内流气流并不能到达台风中心，在台风眼壁附近环绕台风眼壁作强烈的螺旋上升。这一层对台风的发生、发展、消亡有举足轻重的影响。（2）3～8千米左右是中层过渡层，气流的经向分量已经很小，主要沿切线方向环绕台风眼壁螺旋上升，上升速度在700～300百帕之间达到最大。（3）从8千米左右到对流层顶（约12～16千米）为高层气流流出层，这层上升气流带有很大的切向风速，同时气流在上升过程中释放出大量潜热，造成台风中部气温高于周围，以及台风中的水平气压梯度力随着高度升高而逐渐减小的状况，当上升气流达到一定高度（约10～12千米）时，水平气压梯度力小于离心力和水平地转偏向力的合力时，就出现向四周外流的气流。空气外流的量与流入层的流入量大体相当。

可怕的台风

台风在各个等压面上的温度场是近于圆形的暖中心结构，并具有一定的对称性。台风低层温度的水平分相是自外围向眼区逐渐增高的，但温差很小。这种水平温度场结构随着高度升高逐渐明显，这是眼壁外侧雨区释放凝结潜热和眼区空气下沉绝热增温的结果。

台风大多产生在对流性云团中，因而初生台风附近有块状云团，随着台风的不断加深发展，形成了围绕台风眼区的特有的近于团环形的浓厚云区。依据台风的卫星云图和雷达回波，发展成熟的台风云系由外向内有：（1）外螺旋云带：由层积云或浓积云组成，以较小的角度旋向台风内部；（2）内螺旋云带：一般由数条积雨云或浓积云组成的云带直接卷入台风内部；（3）云墙：是由高耸的积雨云组成的围绕台风中心的同心圆状云带，云顶高度可达 12 千米以上，好似一堵高耸的云墙；（4）台风眼区：因气流下沉，晴空无云。如果低层水汽充沛，逆温层以下也可能产生一些层积云和积云，但垂直发展不盛，云隙较多，台风区内水汽充沛，气流上升强烈，往往能造成大量降水（200～300 毫米，甚至更多），降水属阵性，强度很大，主要发生在垂直云墙区以及内螺旋云带区，眼区一般无降水。

处于成熟阶段的台风云系，在台风眼区，由于有下沉气流，通常是云淡风轻的好天气，如果由于下沉气流而有下沉逆温出现，且低层水汽又充沛时，则可在逆温层下产生层积云。

台风眼外围的环状云区，称为台风云墙或眼壁，其宽度为20～30 千米，高度达 15 千米以上，它主要由一些高大的对流云组成，具有强烈的上升运动，其值可达 5～13 米/秒，云墙下经常出现狂风暴雨，这里是台风内天气最恶劣的区域。

在云墙内，因为一般情况下只有上升气流而无下沉气流，和积雨云内部常有剧烈的上升和下沉气流相互冲击的情况并不一样，因此云墙内很少出现强烈的乱流扰动和雷暴现象。而只有在远离台风中心，处于台风外围的气旋性区域里或台风槽中，出现雷暴较多。

云墙区的强烈对流活动所导致的大量凝结潜热释放，对台风暖心的形成有着重要的作用。台风眼壁一般是随高度增大而向外倾斜的，至高层变成准水平。眼壁倾斜主要是由温压场结构决定的，与对流活动的强烈密切相关，对流活动强的云墙内壁在低层几乎是垂直的。台风越强，眼壁的坡度越陡。

与眼壁相联系的是呈螺旋状分布的云雨带，称为螺旋云雨带。降水的带状结构也是台风的重要特征之一。在台风中常常可观测到一条或几条螺旋云带从外围旋向中心云区。此外，在云带之间常出现较薄的层状云或云隙。在螺旋云带和层状云的外缘，还有塔状的层积云和浓积云。特别是在台风前进方向上，塔状云更多，且云体往往被风吹散，成为"飞云"。在台风边缘，则多为辐射状的高云和积状的中低云，偶尔也有积雨云。

四、台风的危害和利用

台风在海上移动，会掀起巨浪，狂风暴雨接踵而来，对航行的船只可造成严重的威胁。当台风登陆时，狂风暴雨会给人们的生命财产造成巨大的损失，尤其对农业、建筑物的影响更大。

但是，台风也并非全给人类带来不幸，除了其"罪恶"的一面外，也有为人类造福的时候。对某些地区来说，如果没有台风，这些地区庄稼的生长、农业的丰收就不堪设想。西北太平洋的台风、西印度群岛的飓风和印度洋上的热带风暴，几乎占全球强的热带气旋总数的60%，给肥沃的土地上带来了丰沛的雨水，造成适宜的气候。台风降水是我国江南地区和东北诸省夏季雨量的主要来源；正是有了台风，才使珠江三角洲、两湖盆地和东北平原的旱情解除，确保农业丰收；也正是因为台风带来的大量降水，才使许多大小水库蓄满雨水，水利发电机组能够正常运转，节省万吨原煤；在酷热的日子里，台风来临，凉风习习，还可以降温消暑。所以，有人认为台风是"使局部受灾，让大面积受益"，这不是没有道理的。

第六章　电闪雷鸣

当天空乌云密布，雷雨云迅猛发展时，突然一道夺目的闪光划破长空，接着传来震耳欲聋的巨响，这就是闪电和打雷，亦称为雷电。雷属于大气声学现象，是大气中小区域强烈爆炸产生的冲击波形成的声波，而闪电则是大气中发生的火花放电现象。闪电和雷声是同时发生的，但它们在大气中传播的速度相差很大，因此人们总是先看到闪电然后才听到雷声。

与激烈的雷电不同，天空中还经常会出现霞光万道、霓虹华盖的大气奇景，这些大气景象要温和得多，它们与雷电一样，通常也预示着特定的天气情况。

158

第一节　闪电的成因

闪电通常是在有雷雨云时出现，偶尔也在雷暴、雨层云、尘暴、火山爆发时出现。闪电的最常见形式是线状闪电，偶尔也可出现带状、球状、串球状、枝状、箭状闪电等等。线状闪电可在云内、云与云间、云与地面间产生，其中云内、云与云间闪电占大部分，而云与地面间的闪电仅占1/6，但其对人类危害最大。

雷暴时的大气电场与晴天时有明显的差异，产生这种差异的原因，是雷雨云中有电荷的累积并形成雷雨云的极性，由此产生闪电而造成大气电场的巨大变化。但是雷雨云的电是怎么来的呢？也就是说，雷雨云中有哪些物理过程导致了它的起电？为什么雷雨云中能够累积那么多的电荷并形成有规律的分布呢？

雷雨云

雷雨云形成的宏观过程以及雷雨云中发生的微物理过程，与云的起电有密切联系。科学家们对雷雨云的起电机制及电荷有规律的分布，进行了大量的观测和实验，积累了许多资料并提出了各种各样的解释，有些论点至今也还有争论。归纳起来，云的起电机制主要有如下几种：

（1）对流云初始阶段的"离子流"假说

大气中总是存在着大量的正离子和负离子，在云中的水滴上，电荷分布是不均匀的：最外边的分子带负电，里层带正电，内层与外层的电位差约高 0.25 伏特。为了平衡这个电位差，水滴必须"优先"吸收大气中的负离子，这样就使水滴逐渐带上了负电荷。当对流发展开始时，较轻的正离子逐渐被上升气流带到云的上部；而带负电的云滴因为比较重，就留在下部，造成了正负电荷的分离。

（2）冷云的电荷积累

当对流发展到一定阶段，云体伸入0℃层以上的高度后，云中就有了过冷水滴、霰粒和冰晶等。这种由不同形态的水汽凝结物组成且温度低于0℃的云，叫冷云。冷云的电荷形成和积累过程有如下几种：

①冰晶与霰粒的摩擦碰撞起电

霰粒是由冻结水滴组成的，呈白色或乳白色，结构比较松脆。由于经常有过冷水滴与它撞冻并释放出潜热，故它的温度一般要比冰晶来得高。在冰晶中含有一定量的自由离子，离子数随温度升高而增多。由于霰粒与冰晶接触部分存在着温差，高温端的自由离子必然要多于低温端，因而离子必然从高温端向低温端迁移。离子迁移时，较轻的带正电的氢离子速度较快，而带负电的较重的氢氧离子则较慢。因此，在一定时间内就出现了冷端阳离子过剩的现象，造成了高温端为负，低温端为正的电极化。当冰晶与霰粒接触后又分离时，温度较高的霰粒就带上负电，而温度较低的冰晶则带正电。在重力和上升气流的作用下，较轻的带正电的冰晶集中到云的上部，较重的带负电的霰粒则停留在云的下部，因而造成了冷云的上部带正电而下部带负电。

②过冷水滴在霰粒上撞冻起电

在云层中有许多水滴在温度低于0℃时仍不冻结，这种水滴叫过冷水滴。过冷水滴是不稳定的，只要它们被轻轻地震动一下，马上就会冻结成冰粒。当过冷水滴与霰粒碰撞时，会立即冻结，这叫撞冻。当发生撞冻时，过冷水滴的外部立即冻成冰壳，但它内部仍暂时保持着液态，并且由于外部冻结释放的潜热传到内部，其内部液态过冷水的温度比外面的冰壳来得高。温度的差异使得冻结的过冷水滴外部带正电，内部带负电。当内部也发生冻结时，云滴就膨胀分裂，外表皮破裂成许多带正电的小冰屑，随气流飞到云的上部，带负电的冻滴核心部分则附在较重的霰粒上，使霰粒带负电并停留在云的中、下部。

③水滴因含有稀薄的盐分而起电

除了上述冷云的两种起电机制外，还有人提出了由于大气中的水滴含有稀薄的盐分而产生的起电机制。当云滴冻结时，冰的晶格中可以容纳负的氯离子，却排斥正的钠离子。因此，水滴已冻结的部分就带负电，而未冻结的外表面则带正电。由水滴冻结而成的霰粒在下落过程中，摔掉表面还来不及冻结的水分，形成许多带正电的小云滴，而已冻结的核心部分则带负电。由于重力和气流的分选作用，带正电的小滴被带到云的上部，而带负电的霰粒则停留在云的中、下部。

（3）暖云的电荷积累

在热带地区，有一些云整个云体都位于0℃以上区域，因而只含有水滴而没有固态水粒子。这种云叫做暖云或"水云"。暖云也会出现雷电现象。在中纬度地区的雷暴云，云体位于0℃等温线以下的部分，就是云的暖区。在云的暖区里也有起电过程发生。

在雷雨云的发展过程中，上述各种机制在不同发展阶段可能分别起作用。但是，最主要的起电机制还是由于水滴冻结造成的。大量观测事实表明，只有当云顶呈现纤维状丝缕结构时，云才发展成雷雨云。飞机观测也发现，雷雨云中存在以冰、雪晶和霰粒为主的大量云粒子，而且大量电荷的累积，即雷雨云迅猛的起电机制，必须依靠霰粒生长过程中的碰撞、撞冻和摩擦等才能发生。

第二节 闪电的过程和形状

如果我们在两根电极之间加很高的电压，并把它们慢慢地靠近，当两根电极靠近到一定的距离时，在它们之间就会出现电火花，这就是所谓"弧光放电"现象。

雷雨云所产生的闪电，与上面所说的弧光放电非常相似，只不过闪电是转瞬即逝，而电极之间的火花却可以长时间存在。因为在两根电极之间的高电压可以人为地维持很久，而雷雨云中的电荷经放电后很难马上补充。

闪电

162

当聚集的电荷达到一定的数量时，在云内不同部位之间或者云与地面之间就形成了很强的电场。电场强度平均可以达到每厘米几千伏特，局部区域可以高达 1 万伏特/厘米。这么强的电场，足以把云内外的大气层击穿，于是在云与地面之间或者在云的不同部位之间，以及不同云块之间激发出耀眼的闪光，这就是人们最终看到的闪电。

一、闪电的过程

肉眼看到的一次闪电，其过程是很复杂的。被人们研究得比较详细的是线状闪电，我们就以它为例来讲述闪电的过程。闪电是大气中脉冲式的放电现象，一次闪电由多次放电脉冲组成，这些脉冲之间的间歇时间都很短，只有百分之几秒。脉冲一个接着一个，后面的脉冲就沿着第一个脉冲的通道行进。

现在已经研究清楚，每一个放电脉冲都由一个"先导"和一个"回击"构成。

第一个放电脉冲在爆发之前，有一个准备阶段——"阶梯先导"放电过程。在强电场的推动下，云中的自由电荷很快地向地面移动。在运动过程中，电子与空气分子发生碰撞，致使空气轻度电离并发出微光。第一次放电脉冲的先导是逐级向下传播的，像一条发光的舌头。开头，这光舌只有十几米长，经过千分之几秒甚至更短的时间，光舌便消失；然后就在这同一条通道上，又出现一条较长的光舌（约 30 米长），转瞬之间它又消失；接着再出现更长的光舌……光舌采取"蚕食"方式步步向地面逼近。经过多次放电—消失的过程之后，光舌终于到达地面。

因为这第一个放电脉冲的先导是一个阶梯一个阶梯地从云中向地面传播的，所以叫做"阶梯先导"。在光舌行进的通道上，空气已被强烈地电离，它的导电能力大为增加。空气连续电离的过程只发生在一条很狭窄的通道中，所以电流强度很大。

当第一个先导即阶梯先导到达地面后，立即从地面经过已经高度电离了的空气通道向云中流去大量的电荷。这股电流是如此之强，以至空气通道被烧得白炽耀眼，出现一条弯弯曲曲的细长光柱。这个阶段叫做"回击"阶段，也叫"主放电"阶段。阶梯先导加上第一次回击，就构成了第一次脉冲放电的全过程，其持续时间只有1%秒。

第一个脉冲放电过程结束之后，只隔一段极其短暂的时间（4/100秒），又发生第二次脉冲放电过程。第二个脉冲也是从先导开始，到回击结束。但由于经第一个脉冲放电后，"坚冰已经打破，航线已经开通"，所以第二个脉冲的先导就不再逐级向下，而是从云中直接到达地面。这种先导叫做"直窜先导"。

直窜先导到达地面后，约经过千分之几秒的时间，就发生第二次回击，而结束第二个脉冲放电过程。紧接着再发生第三个、第四个……直窜先导和回击，完成多次脉冲放电过程。由于每一次脉冲放电都要大量地消耗雷雨云中累积的电荷，因而以后的主放电过程就愈来愈弱，直到雷雨云中的电荷储备消耗殆尽，脉冲放电方能停止，从而结束一次闪电过程。

二、闪电的形状

闪电的形状有好几种，除了线状闪电外，常见的还有片状闪电，球状闪电是一种十分罕见的闪电形状。如果仔细区分，还可以划分出带状闪电、联珠状闪电和火箭状闪电等形状。

线状闪电（或称枝状闪电）是人们经常看见的一种闪电形状。它有耀眼的光芒和很细的光线。整个闪电好像横向或向下悬

线状闪电

挂的枝杈纵横的树枝，又像地图上支流很多的河流。线状闪电与其他放电不同的地方是它有特别大的电流强度，平均可以达到几万安培，在少数情况下可达 20 万安培。这么大的电流强度。可以毁坏和摇动大树，有时还能伤人。当它接触到建筑物的时候，常常造成"雷击"而引起火灾。线状闪电多数是云对地的放电。

165

片状闪电

片状闪电也是一种比较常见的闪电形状。它看起来好像是在云面上有一片闪光。这种闪电可能是云后面看不见的火花放电的回光，或者是云内闪电被云滴遮挡而造成的漫射光，也可能是出现在云上部的一种丛集的或闪烁状的独立放电现象。片状闪电经常是在云的强度已经减弱，降水趋于停止时出现的。它是一种较弱的放电现象，多数是云中放电。

球状闪电

球状闪电虽说是一种十分罕见的闪电形状，却最引人注目。它像一团火球，有时还像一朵发光的盛开着的"绣球"菊花。它约有人头那么大，偶尔也有直径几米甚至几十米的。球状闪电有时候在空中慢慢地转悠，有时候又完全不动地悬在空中。它有时候发出白光，有时候又发出像流星一样的粉红色光。球状闪电"喜欢"钻洞，有时候，它可以从烟囱、窗户、门缝钻进屋内，在房子里转一圈后又溜走。球状闪电有时发出"咝咝"的声音，然后一声闷响而消失；有时又只发出微弱的劈啪声而不知不觉地消失。球状闪电消失以后，在空气中可能留下一些有臭味的气烟，有点像臭氧的味道。球状闪电的生命史不长，大约为几秒钟到几分钟。

带状闪电，它是由连续数次的放电组成，在各次闪电之间，闪电路径因受风的影响而发生移动，使得各次单独闪电互相靠近，形成一条带状。带的宽度约为 10 米。这种闪电如果击中房屋，可以立即引起大面积燃烧。

带状闪电

联珠状闪电看起来好像一条在云幕上滑行或者穿出云层而投向地面的发光点的联线，也像闪光的珍珠项链。有人认为联珠状闪电似乎是从线状闪电到球状闪电的过渡形式。联珠状闪电往往紧跟在线状闪电之后接踵而至，几乎没有时间间隔。

火箭状闪电

火箭状闪电比其他各种闪电的放电慢得多，它需要 1～1.5

秒才能放电完毕，可以很容易地用肉眼跟踪观测它的活动。

人们凭自己的眼睛就可以观测到闪电的各种形状。不过，要仔细观测闪电，最好采用照相的方法。高速摄影机既可以记录下闪电的形状，还可以观测到闪电的发展过程。

第三节　雷鸣的产生过程

伴随闪电而来的，是隆隆的雷声。听起来，雷声可以分为两种。一种是清脆响亮，像爆炸声一样的雷声，一般叫做"炸雷"；另一种是沉闷的轰隆声，有人叫它做"闷雷"。还有一种低沉而经久不歇的隆隆声，有点儿像推磨时发出的声响，人们常把它叫做"拉磨雷"，实际上它是闷雷的一种形式。

闪电通路中的空气突然剧烈增热，使它的温度高达15000℃～20000℃，因而造成空气急剧膨胀，通道附近的气压可增至一百个大气压以上。紧接着，又发生迅速冷却，空气很快收缩，压力减低。这一骤胀骤缩都发生在千分之几秒的短暂时间内，所以在闪电爆发的一刹那间，会产生冲击波。冲击波以5000米/秒的速度向四面八方传播，在传播过程中，它的能量很快衰减，而波长则逐渐增长。在闪电发生后0.1～0.3秒，冲击波就演变成声波，这就是我们听见的雷声。

还有一种说法，认为雷鸣是在高压电火花的作用下，由于空气和水汽分子分解而形成的像爆炸瓦斯发生爆炸时所产生的声音。雷鸣的声音在最初的十分之几秒时间内，跟爆炸声波相同。这种爆炸波扩散的速度约为5000米/秒，在之后0.1～0.3秒，它就演变为普通声波。

人们常说的炸雷，一般是距观测者很近的云对地闪电所发出的声音。在这种情况下，观测者在见到闪电之后，几乎立即就听到雷声；有时甚至在闪电同时即听见雷声。因为闪电就在观测者附近，它所产生的爆炸波还来不及演变成普通声波，所以听起来犹如爆炸声一般。

如果云中闪电时，雷声在云里面多次反射，在爆炸波分解时，又产生许多频率不同的声波，它们互相干扰，使人们听起来感到声音沉闷，这就是我们听到的闷雷。一般说来，闷雷的响度比炸雷来得小，也没有炸雷那么吓人。

拉磨雷是长时间的闷雷。雷声拖长的原因主要是声波在云内的多次反射以及远近高低不同的多次闪电所产生的效果。此外声波遇到山峰、建筑物或地面时，也产生反射。有的声波要经过多次反射。这多次反射有可能在很短的时间间隔内先后传入我们的耳朵。这时，我们听起来，就觉得雷声沉闷而悠长，有如拉磨之感。

第四节　雷电的危害与预防

雷电所产生的声和光对人与建筑物并无破坏作用，而伴随其同时出现的强大的雷电流是主要的破坏源。这种雷电流的破坏效应有两种，即热的破坏与机械的破坏。在热的破坏方面，由于雷电流产生大量热的过程的时间很短，热量不易失散，因此，如遭雷击，附近有易着火的物件时，就往往造成火灾，危害极大。在机械的破坏方面，受雷击物件的导电能力愈小，所受的机械破坏作用愈大。当雷电击中树木、木电杆时，其机械的破坏作用尤为显著。这是由于雷电通路的高温引起木材纤维内湿气的爆发性蒸发而造成劈裂。比较而言，热的破坏比机械的破坏危害结果更严重。

一、雷电的危害

雷击对生命和财产的危害大致有下面 3 种情况：

（1）直接雷击。它是雷电直接击中人、畜或建筑物产生热的或机械的破坏，造成人身伤亡，建筑物劈裂和引起火灾等的危害事故。直接雷击还会在无避雷设备或避雷设备装置不完善时，发生危险的高电压、跨步电压（当雷电流经过接地装置向地面流散时，接地装置附近引起的电位分布不均匀，如有人、畜在这里走动，前后脚所受的电压相差很大，两脚之间的电压差就叫做跨步电压）、接触电压（人接触到雷电流经过的地方，或接触到因雷电流引起电感应的金属物所受到的电压）而可能引起人身伤亡。

（2）感应雷击。当附近地区发生雷击时，由电磁场作用而引起静电感应和电磁感应，这两种感应雷的破坏作用虽次于直接雷击，但仍会造成火灾和伤亡事故。

（3）由架空线传来的危险电压。各种电力、照明、电讯等使用的架空线都可能把高压引入室内，这些高电压或由于感应而产生，或由于附近有落雷而引起。

二、人避免雷击的方法

雷鸣电闪时在室外的人，为防雷击，应当遵从四条原则：一是人体应尽量降低自己，以免作为凸出尖端而被闪电直接击中；二是人体与地面的接触面要尽量缩小以防止因"跨步电压"造成伤害，所谓跨步电压是雷击点附近，两点间很大的电位差，若人的两脚分得很开，分别接触相距远的两点，则两脚间便形成较大的电位差，有强电流通过人体使人受伤害；第三是不可到孤立大树下和无避雷装置的高大建筑体附近，不可手持金属体高举头顶；第四是不要进入水中，因水体导电好，易遭雷击。总之，应当到较低处，双脚合拢地站立或蹲下，以减少遭遇雷的机会。

雷电期间在室内者，不要靠近窗户，尽可能远离电灯、电话、室外天线的引线等；在没有避雷装置的建筑物内，应避免接触烟囱、自来水管、暖气管道、钢柱等。

三、建筑物避雷

建筑物避雷，主要采取装设避雷装置的方法，它主要是将雷电流引入大地而消失，有时由它自身来接受雷的放电，有时它承受了雷击而保护了建筑物。避雷装置根据建筑物的不同要求，分别有独立装置和装在建筑物顶上的两种形式。它主要有以下 3 个部分结构：

（1）接受电的导体，简称为雷电接受器，是雷电装置的最高部分。目前采用的有避雷针、避雷线、避雷带、避雷网，以及避雷带和避雷短针相结合的一种形式。一般其外侧保护角不应大于45°。避雷针一般不超过 1.5 米。独立避雷击高度可达 20~30 米。木制的独立避雷针也可达 15~25 米高。

（2）引导线，是避雷保安装置的中间部分，上连接雷电接受器，下连接地装置。其材料可采用扁铁。为了防锈，焊接后立即刷漆，一般引导线装接在室外，一个建筑物不少与两根。钢铁制作的独立避雷针可省去引导线。木制独立避雷针须沿木杆装置引导线。钢筋混凝土建筑物内的钢筋也可作为引导线利用，效果较好，既可靠又经济。引导线避免用绞线，因时间长久后，绞线容易造成空隙而在雷击时产生跳隙火花。安装时最好用直线，如必要有弯头时，须大于90°，这样可以防止雷击产生火花。

（3）接地装置，即接地极，是避雷保安装置最底下的部分。必须根据建筑物的性质，决定其接地电阻值。在选择接地装置地点时，应首先考虑跨步电压对人身的反击，最好选择人少偏僻之处。不可能时，可做均压网或用环状接地。所谓均压网，是在接地极上面加一钢筋网。所谓环状接地，是把接地极用三组以上连接起来，也可利用自来水管和桩基基础作天然接地线，但必须符合电阻值等的要求。

闪电击中避雷针

关于避雷针为何能防雷的机制，尚待进一步研究。有人认为避雷针的尖端放电，中和了雷雨云中积累的电荷，起到了消除电的作用。但近年来通过尖端放电电量计算，发现它远不能中和所有电荷。

第七章　天气谚语及验证

　　天气谚语是以成语或歌谣形式在民间流传的有关天气变化的经验。我们的祖先在与大自然的斗争中对天气的变化进行观测并积累了丰富的经验，天气谚语流传于全国各地。

　　我国幅员广阔、地势起伏，有四季常青的热带和副热带地区，也有四季分明的温带地区，地形复杂，距海远近差异很大。各地的气候特点、生产情况不同，影响各地区的主要天气系统和造成的影响也不一样。因此天气谚语有明显的地区性，有的适用地区较大，有的在这一地区能用的谚语到另一地区就不一定能用。因此在使用天气谚语时要考虑到谚语的地区性，应尽量就地收集、验证和使用。许多天气谚语还有明显的时间性，谚语指出的关系往往不是所有时期都适用的，所以应该注意谚语的时间性。

174

第一节　云雾

　　云是悬浮在高空中的密集的水滴或冰滴。从云里可以降雨或雪。对天气变化有经验的人都知道：天上挂什么云，就有什么天气。所以说，云是天气的相貌，天空中云的形状可以表现短时间内天气变化的动态。云是用肉眼可以直接看到的现象，所以关于它的谚语最多，也比较符合科学原理。

雾也是悬浮在高空中的密集的水滴或冰滴。从存在的实体讲，雾和云并没有差别。但从它们形成的原因和出现的环境来看，却是两回事。雾层的底是贴紧在地面上的，可见成雾的空气层没有经过上升运动，水汽凝结所必需的冷却过程是在安定于地面的空气层内进行的。这表示有雾的天气，大气层是稳定的，和成云的大气层的不稳定性刚刚相反。它们最后演变出来的天气，也是刚刚相反。有云的天气有阴雨，有雾的天气基本上是晴好的。同样，雾也是肉眼可见的现象，所以关于雾的谚语也不少。

*清晨雾浓，一日天晴。（河北滦县）

*十雾九晴。（河南商丘）

*一雾三晴。（河北威县）

*迷雾毒日头。（江苏常州）

*早起雾露，晌午晒破葫芦。（河北沧县）

早上的雾，是昨夜地面辐射散热的产物。因为一夜以来，天朗气清，地面热力通畅发散，致使地面层空气内的水蒸气变饱和而凝成雾滴。可见天气先晴了，然后才有雾。早上是一昼夜间最低温度发生的时间，温度既然最冷，所以这时候的雾也最浓重。再加上太阳一出，由于紫外线对于空中氧气的照射，使一部分氧气变成了臭氧。这小量的臭氧会使空中许多微尘（大多是燃烧的产物，像二氧化碳、二氧化硫等等），加强吸水能力。因此，会使早上的雾幕顿时加浓。但是，太阳升高了，热力加强了，地面变得太热，下层空气就要上升，因此雾滴就消散。这样看来，早上雾的临时加浓，也是天空无云，天气晴朗的结果。

*大雾不过三。（湖南）

*大雾不过三，过三，十八天。（河北）

*三日雾浓，必起狂风。（内蒙古呼和浩特）

*凡重雾三日，必大雨。（《帝王世纪》）

雾的种类很多，各种雾的成因也不相同。但是，可以称做大雾且可连续发生3天之多的，大概是辐射低雾、海性雾，或者是热带气流雾。

辐射低雾发生在高气压中心的晴好天气之下。故有低雾之日，昼温很高，温度高则气压低。若天气连续晴好三四天，本地气压必大量降低，于是别地方的气流，就会向此地吹来，而使天气发生变化。

大雾如果发生在海洋气流中叫做海性雾。因为这种气流来自海洋，所以温度特暖，湿度也特大，接着会使本地气压逐渐降低，而发生天气变化。

秋冬时节，常有热带气流吹到北方来。因为这时候地面冷，所以贴近地面的空气也变冷而有雾出现。这叫做热带气流雾。热带气流盛行了三四天，本地必定暖湿非常，气压也变低了，接着天气就发生变化了。

*高山起云团，小雨快到边。（湖北通城、江苏常熟）

*山头带帐，平地淹灶。（湖北黄冈）

*天降时雨，山川出云（《礼记》孔子闲居篇）

*山顶溢云，大雨将淋。（广西贵港）

*南北戴帽，长工睡午觉。（河南嵩县）

上面五句，都说山顶有云是将要下雨的现象。山顶上有云，表示云已很低，这是气旋里的景象。气旋已到，就要下雨了。还有一种可能：一支潮湿的气流，迎山吹来，被山坡压迫抬升，在山坡上也可凝成云，空气湿重，也可能是下雨的先兆。

176

＊云走东，刮股风；云走西，风沟溢；云走南，长流檐，云走北，晒破砖。（山西临汾）

＊云彩往东，一阵风；云彩往西，水和泥；云彩往南，水连天；云彩往北，一阵黑。（河北）

＊云行东，车马通；云行西，马溅泥；云行南，水涨潭；云行北，好晒麦。（崔实《农家谚》晴雨占）

＊云彩东，起股风；云彩西，披蓑农；云彩南，水涟涟；云彩北，大坑沿上干死龟。（湖南、河北正定、河南扶沟）

＊云彩往东，一场大风；云彩往西，没屋脊；云彩往南，水没房檐；云彩往北，一片漆黑。（河北沧县）

＊云往南，黑龙潭；云往北，乾砚墨；云往西。关老爷骑马披蓑衣。（河北、河南篙县）

＊云向东，一阵风；云向西，雨绵绵；云向南，带蓑衣；云向北，好晒被。（浙江义乌、江苏无锡）

上面各句的意义相同，都指出云彩如果从东往西，或从北往南，天气将要阴雨；云彩如果从西往东，或从南往北，天气都是好的。这里所指的云，如果是气旋区域里的低云，上面各句，都是很有用的。如果是指高云，那就未必可靠了。

气旋区域的低云，高度都在 1000 米以下，最低的云可以触及地面，成雾的形态出现。因为气旋区里的风是从四方向中心汇合的，气旋本身又是从西向东移动的。因此，气旋前部的风偏东，后部的风偏西，北部的风偏北，南部的风偏南。低云是受同层风的吹动而运动的，所以我们看到云从东往西去，表示此地正在气旋前部，气旋将来到本地，天将降雨；反之，如果云从西往东去，表示我们已在气旋后部，气旋将过去，天将转晴。云如果从南向北移动，表示我们正在气旋的南部，这里暖湿气流盛行，气层稳定，不可能有急剧的上升运动，云也呈层状，它的顶并不能深入高空，所以温度还是在冰点以上，云顶没有冰雪存在，就不可能发生大雨，至多有些细雨。反之，如果云往南，表示在气旋北部，这里盛行干冷的北方气流，到了南方来，下层变暖，造成上冷下暖，上重下轻的现象，所以对流是最激剧的，常常出现着高大像山岳猛兽的大云块。因为云的顶很高，温度常在零下，云顶是冰雪组成的，所以常可下大雨。假使在这北方气流层的上面，有南方气流的上坡运动，那云会更浓重，雨也会更急暴了。

还有一种说法：如果云从东往西，或从北往南，表明高空风为东风或北风，这可能是台风将要入侵本地的前兆。所以，有可能下大雨。

*晚看西北黑，半夜见风雨。（浙江义乌、江苏元锡）

*日落乌云涨，半夜听雨响。（长江中下游）

*日落黑云接，风雨定猛烈。（广东）

*乌云接日，不过三日。（福建福清平潭《农家渔户丛谚》）

*日落云里走，雨在半夜后。（《田家五行》论日）

*黑云接爷，等不到半夜。（河北）

*乌云接日头，天亮闹稠稠。（苏南）

*乌云接日头，明朝不如今日。（《田家五行》论日）

*日落云没，不雨定寒。（同上）

以上各句，都是说落太阳时，西方浓云密蔽，天气将要下雨。日落以后，随着阳光的消失，空气受热上升条件也消失了。在正常天气情况下，云也会逐渐消散。若是在日落之时西边还有黑云，说明这种云不是正常情况下由于阳光照射产生的云，而是降水风暴系统的云。因为任何一种降雨风暴，都是跟着大循环的西风，从西向东行的。现在看到西方浓云已到，这是有风暴从西边过来的形势。半夜后，或天明时风暴就会到来，雨也就要下了。

关于降水时间，要看风暴移行的快慢和它的内部组织而定。有的风暴雨区很大，有的雨区很小；有的走得很快，有的走得很慢。就气旋风暴一种而论，12月跑得最快，48千米/时，7月跑得最慢，只跑30千米/时。极端的速率在56千米/时和13千米/时之间。故上列各句所说雨在"半夜后"，或"天亮闹稠稠"，未必可靠。

另外，每次风暴未必都能下雨，即使下雨也未必下在它的正东方。往往因为风暴路径的迂回曲折，下雨地带不成为直线的分布。总之，上述各句，只可说大体上是对的。

西方有云天下雨，并不限定在日落时分。另有"西北黑云生，雷雨必来临"之说。

*日出有云，无雨即阴。（江苏）

*晨起浓云，细雨密布。（江苏）

*日出卯时云，无雨也要阴。（浙江义乌）

*早上云如山，黄昏雨连连。（广东）

*早晨乌云盖，无雨也风来。（江苏苏州）

*卯云涨，阴胜阳。（同上）

*太阳出来即遇云，无雨必天阴。（内蒙古呼和浩特）

以上几句，都是说早上有云，将要下雨。

凡是安定的晴明天气，夜间和早晨的气温，常是地面最冷，越向高空温度越暖，造成上暖下冷的逆温现象，气层特别稳定。此时，水蒸气的凝结，只限于地面而出现低雾或霜露，不可能有云。反之，如果早上就有成层的漫布全天的层云，或者如山岳如猛兽的积雨云，那只有风暴临近的可能。所以早上就阴云密布，是远处风暴到来的表示，天将下雨了。

*雾得开，三天晴；雾不开，冷死人。（四川）

太阳出来，雾就消开，可见这种雾是晴天产生的辐射低雾。雾消日出，天气晴朗。因为辐射雾都发生在反气旋中，所以三天之内，天气很少有变坏的可能。要是太阳出来而雾不散开，太阳无法下射，天气潮湿，所以人会觉得特别寒冷。

*朝怕南云涨，晚怕北云堆。（上海崇明）

崇明岛位于长江口，四周环水。由于水面和陆面物理性质的不同，白天陆面温度高于水面，晚上陆面冷于水面。在崇明，如果早上吹南风，这时水温暖而气温冷，于是在大气层里出现上冷下暖的情况，因此对流盛行，可有阵雨雷雨光临，这时若有北风吹来，结果也是一样。但若南风发生在黄昏，则因水面较冷，只能在水面成雾，绝不可能凝成云；在黄昏或晚上，如有北风吹来，则因水面比北风暖，大气层里上冷下暖，就发生激剧的对流，而造成阵雨，所以"晚怕北云堆"。总的说来，早上无论南风北风，都可在水面成云致雨；但是在黄昏时候，只有北风来，方能兴云致雨，南风来也只能成雾了。

第二节　雨雪露霜

天上落下的雨、雪、冰雹和地面凝成的露水、白霜，虽然同是气界水态的变化，但是各有它的气象成因，同时也表示不同的未来天气。因为这些现象是最易观察的，也是和人类生活有直接关系的，所以这类谚语相当可靠。

*夏雨隔牛背，秋雨隔灰堆。（浙江）

*十里不同天。（江苏无锡）

我国属于大陆性气候，夏天的雨大多属于热雷雨或阵雨。热雷雨的发生，基本上是因为地面受热，发生对流运动，把地面的水汽送到高空，凝成雷雨云而发生的降水。但是由于地面各部分的物理性状不同，对于热力的反应也不同，因此地面上的气温有高有低。例如森林草原地区温度低，不毛之地温度高；柏油大道温度高，煤渣马路上温度低。所以在极小范围之内，空气对流的强弱，可以有很大差别。这里的对流，可以发生雷雨云，那里就不可能。再因为雷雨云的面积，普通不过几平方千米，所以我们常看见城南下雨而城北未必下雨的现象。这就是所谓的"十里不同天"。到了秋天，还留着些夏天的景象，所以还有"秋雨隔灰堆"之说。

*天东雨，隔堵墙；这边落雨，那边出太阳。（山西太原、安徽全椒）

*西南阵，单过也落三寸。（《田家五行》论云）

*老夫活到八十八，未见阵头东南发。（江苏苏州）

气旋和其他风暴通常是从西向东移动的，所以只有发生在西方的风暴，才能影响到本地。发生在东方的风暴，只会再向东去，不可能再影响本地。所以有"这边落雨，那边出太阳"的说法。

*雨打鸡啼卯，雨伞不离手。（浙江义乌）

*雨打鸡鸣丑，雨伞勿离手；雨打黄昏戌，明朝燥悉悉。（江苏南京）

在晴好的天气，早上只会有雾，不会下雨。现在下雨了，表示天气本来不好，可能有远地风暴逼近。一次风暴的经过，常要一天或一天以上的时间，不是短时内可以完的。现在，早上就开始下雨，那么未来一天之内，要"雨伞勿离手"了。在黄昏时分，高空气流一般有下沉运动，天空原有的云，很易因此消散（因为下沉气流是最热燥的气流）。在这时候，如果有碎块云里下来的雨，是下不长的。但是，如果这种雨是一种风暴雨（就是从西方移动过来的有系统的云雨），那么"雨打黄昏戌"也就未必"明朝燥悉悉"了。

*雨前蒙蒙终不雨，雨后蒙蒙终不晴。（河北、陕西武功）

在高气压下，风平天青，气层非常稳定，地面尘埃、水汽结集低空，所以平视蒙蒙，这种现象既然是气层稳定的表示，所以天气是不会变得阴雨的。下雨后，空中仍是蒙蒙，这必定是在气旋暖锋之后，暖区之内，空中微雨飘荡、水汽充斥，此后还有冷锋大雨，所以天气不可能立刻转晴的。

*雨前麻花落勿大，雨后麻花落勿久。（江苏苏州）

"麻花"指小雨，"雨"就指大雨。雨前麻花是说无大雨而只有小雨，这种雨属于稳定性雨的一类。例如，降落在单纯的热带气流中的雨。热带气流本身很湿，它比地面要暖些，所以没有大规模的热力上升运动，只有由于微风涡动激起的动力上升运动，因此不可能出现很高很厚的云，只见分散的、层状的、薄薄的云，所以只能下麻花小雨，下不了大雨。雨后麻花，就表示大雨已过，还有几滴小雨，这表示雨天将要结束了。

*一点一个泡，还有大雨未到。（湖南）

*一点雨似一个钉，落到明朝也不晴；一点雨似一个泡，落到明朝未得了。（《田家五行》论雨）

*落滴起泡定阵雨。（江苏常州）

*雨生蛋，落到明朝吃过饭。（江苏常熟）

182

大凡刚刚开始的雨，雨滴必是很大的。因此，雨滴在下降过程中，已不成为圆球体，而成为扁平的球体了。在它的下面，可裹着空气，若下落到河面上，这空气从河水中选出，就成为气泡。因为这种气泡是见于开始下的大雨滴的，所以象征着大雨正在开始。

*淋了伏头，下到伏尾。（河北、山西宁武、河南嵩县）

伏天正值阳历七八月之交，是全年最热的期间。这个时期，如果气层是稳定的，热力对流就不能发生，即使有对流发生，也不可能发展到在天空造成雷雨云而打雷雨的程度。这种局面一旦造成，可维持很久，使天气久热而不下雨。但若大气层既潮湿，又不稳定，热力对流就极易发生。今天发生雷雨，明天还是发生。因为同一不稳定气团之下，它的组织、构造是可以维持好多天不变的。所以在这种大热天气，不下雨也罢了，下过一次，就很可能常常下。

*雨洒尘，饿死人。（河北）

雨小，只能洒尘，天气太干，旱灾发生，所以要饿死人。

*霜后暖，雪后寒。（苏南）

*霜前冷，雪后寒。（江苏镇江）

*落雪勿冷，融雪冷。（南京、山西太原、河南商丘）

霜和雾都是晴天的产物。因为天空无云，夜间地面散热很强，温度才能下降到0℃以下，使贴近地面的水汽直接凝成白霜，所以凝霜之前是冷的。等到天亮日出，因为天空无云，太阳光很强，霜的水分很少，融解时并不需要大量热力，所以天气相当温暖。

雪是从高空落下来的，凝雪的时候，地面气温并不一定很冷。但是雪要融解成水，就须吸收大量的热力（1克的雪融解成水所吸收的热量，等于把 1 克水的温度，从 0℃升到 80℃时所需要的热量）。这热量就从地面层空气中吸去，所以不等到雪融完，气温是不可能回升的。

　　*旱天无露水，伏天无夜雨。（湖南）

　　露水是空中水汽接触了夜间过冷物面而凝成的水滴。有露水出现的天气，低空需要有足量的水汽。而在旱天，空中水汽必少，所以露水就无从发生了。

　　伏天的雨，主要是雷雨。下雷雨的基本条件是要地面很热，使空气发生强盛的对流运动。伏天在白天地面很热，适合于雷雨的发生；但是夜间地面较凉，就不可能发生对流，所以夜间不可能发生雷雨。但是在西南山地里，伏天也有夜雨的，这又是另一原因。

　　*霜重见晴天，雪多兆丰年。（山西太原）

　　*严霜兆晴天。（上海松江）

　　*冬有大雷是丰年。（江苏无锡）

　　*冬有三天雪，人道十年丰。（同上）

　　*冬有三白是丰年。（同上）

　　*雪姐久留住，明年好谷收。（浙江、湖南、河南扶沟）

　　*大雪兆丰年，无雪要遭殃。（江苏苏州）

　　*今年大雪飘，明年收成好。（同上）

　　*江南三足雪，米道十丰年。（河南开封）

　　霜本来是晴天的产物，"霜重见晴天"是因果倒置的说法。雪不易传热，它积在地面，可使土中热力不易发散，增加土地的温度，对于来春植物的生长是很有益的。同时，土壤里的细菌因此得以繁殖，使许多有机质腐烂，杂草种子也一度发芽生长起来。到了融雪期间，大量的热又被吸去，温度过低，杂草和细菌又被冻死，这样倒反增加了植物的肥料，故雪多是丰年之兆。

*冬雪消除四边草，来年肥多虫害少。（江苏常熟）

*大雪半融加一冰，明年虫害一扫空。（同上）

冬季融雪时期，气温很低。当雪未融完时，若有一股冷空气南下，气温再度下降，使雪水成冰，就使地表面温度再度降低，杂草及昆虫都被冻死。

*雪落有晴天。（湖南）

*雪后易晴。（江苏常熟）

雪下在每次寒潮来临之时，也就是在冷锋上。这是在气旋的尾部，反气旋的前部。所以雪天之后，再来的是反气旋天气，于是天气转晴了。

*春霜不出三日雨。（福建福州、福建福清平潭《农家渔户丛谚》）

春季连续三天有霜，也就是连续三天晴天。福州纬度较低，春季的晴天，太阳光必定很强，白天温度连日增高，气压降低，使本地和四周之间的气压梯度增大。因此，也就发生了空气流动的现象，于是天气跟着变化，而要下雨了。

*夹雨夹雪无休无歇。（《田家五行》论雨）

雨和雪，都是空中降水，但是它们降地之前所经历的过程不同。雪成时，温度必在零下。大多的雨，是雪下降到半空再融化成的。现在下雪又下雨，表示空中冷暖气流，激荡无常，因此，天气还是不得转晴的。

*骤雨不终日。（《道德经》）

骤然下降的雨，不到天黑就完。因为下这种雨的云，是由于本地局部受热形成的，规模小，所以一阵雨后，云就散完了。

*春土（霾）不过三日雨，冬土不过三日霜。（福建福清平

潭《农家渔户丛谚》）

霾指由北方来的大风从内陆吹来的沙尘，所以有霾就表示有北方来的气流。在福建，春天的天气已经相当暖，南方的热带气流，从四月（阳历）始，已到福建的纬度。这时如有北风吹来，极易形成锋面而造成降水。冬天就不然，因为冬天北风极盛，南风极弱，根本无法到达我国海岸，所以北风一来，天气十分干冷而且晴朗有霜。

*雪打高山，霜打平地。（江苏无锡）

不论在高山还是在平地，雪和霜都会出现。在冬季阴天时，高山的气温一般低于平地，风速也较大，因而雪下到高山不易融化，高山上的雪一般厚于平地。雪融化时，自然是平地上的雪先融化完。由于高山的海拔高于平地，太阳光首先照在高山上，又因霜量毕竟有限，所以高山的霜先消失掉。但是在山的背阳坡并不如此。因而有"雪打高山，霜打平地"的说法。

第三节　风

风是流动着的大气，大气就是我们俗称的空气。风有从北方来的，有从南方来的，也有从别的方向来的。因为各方面的地理属性不一致，所以不同来历的风有它多样的特性。有冷风，也有热风；有干风，也有湿风。沙漠吹来的风，挟带着沙尘；海面来的风，就含有更多的水汽。因此，我们在不同的风里面，就有不同的感觉，可以看到不同的天空景象。更进一步，如果两种不同的风碰头，就极易发生冲突，这时就可以看到天气突变的现象。

风是最容易觉察的现象，所以关于风的谚语很多。

*东风四季晴，只怕东风起响声。（江苏南京）

*偏东风吹得紧要落雨。（上海）

*东风急，备斗笠。（湖北）

*东风急，备斗笠，风急云起，愈急必雨。（《田家五行》论风）

这几句话的意思是说：东风是不一定下雨的，东风大了，倒是可怕的。东风既然很小，那么，这般气流，必定从很近的地方来的，也许就是本地的气流。它的一切性质，必定和本地环境是一致的，所以天气是难得变坏的。但是，如果东风很有劲，这表示气旋前部的东风，是远方来的气流，将有气流的不连续面——锋面来本地活动，所以天气要变了。

*东南风，燥松松。（江苏江阴）

*五月南风遭大水，六月南风海也枯。（浙江、广东）

*五月南风赶水龙，六月南风星夜干。（广东）

*春南风，雨咚咚；夏南风，一场空。（江苏、无锡、湖北钟祥）

*六月西南天皓洁。（江苏无锡）

*六月起南风，十冲干九冲。（湖北）

"天皓洁"指天气晴好；"冲"指山冲，"十冲干九冲"意思是十个山冲就干掉九个，旱情十分严重。

这是流行在东南沿海各省的夏季天气谚语。东南风是从海洋来的，为什么又会干燥起来呢？我们知道，雨水的下降，一方面固然要有凝雨的物质——水蒸气；同时，还要有使这些水蒸气变成云雨的条件。这个条件，在东南平原地区的夏季，就要靠热力的对流作用或两支不同方向来的气流之间的锋面活动。

热力对流的发生是由于地面特别热，地面层空气因热胀冷缩的道理而向上升腾，这样把地面的水汽带到高空变冷而行云致雨的。但是如果风力太大，地面空气流动得太快，就不可能集中在地面受到强热的作用，也就不可能使地面水蒸气上升。还有，在单纯的东南风中，由于它发源地的高空下沉作用，往往有高空反比低空暖的现象；这样，地面的空气就难于上升了。所以东南风里虽然有很多水蒸气，但还是不可能行云致雨的。夏天没有云雨，自然天气很热了。

其次，讲到锋面活动。锋面是两支不同气流的冲突地带。一支气流比较冷重，另一支气流比较轻暖，这两支气流相遇，轻暖的只能上升。于是，就把地面水蒸气带到高空去而行云致雨了。现在地面，只有一支东南风，表明并无其他偏北气流来与它发生冲突而形成锋面，所以水汽便不能上升而发生云雨了。

*夜晚东风掀，明日好晴天。（河北沧县）

*晚间起东风，明朝太阳红彤彤。（江苏无锡）

反气旋中心在本地以北而向东移动的时候，本地区就吹东风。一般反气旋里天气是晴明的，所以，这种东风又是晴天之兆。这两句话在内陆的冬季是比较有效的。如果在夏天吹东风，表示在东南季风的前锋，那么下雨的机会就多了。但是东风起了，是否好晴天，不一定以夜晚为条件。

*夏至东风摇，麦子坐水牢。（山东烟台）

在长江流域，夏至东南风盛行，天气就会变得干燥。但是，如果在华北的夏至时节，有东南风吹到，表示东南海洋来的季风已到了华北。同时，在初夏时期，北方来的冷空气，到达这个纬度上的机会还是不少的，所以极易发展成不连续的锋面而下雨，以致麦子就要坐在水牢里了。

*西风夜静。（江苏南京、山东临淄、河北）

*恶风尽日没。（《田家五行》论风）

*强风怕日落。（江苏无锡）

除赤道以外，高空基本上都是西风。而且越是晴天，高空西风越盛行。在高气压之下，地面很热，白昼对流盛行，地面气流上升，同时高空气流下沉。由于高空气流是自西向东流动的，它下了地面，由于它的惯性作用，仍旧维持它的原来的西风方向，这样在地面上白昼就盛行着西风。可是到了夜间，因为天空无云，地面冷却的缘故，地面气层凝着不动，所以风力极小，成了白昼西风夜间静的现象。

恶风指大风，后两句话的意思是大风在落日时就静止。这种风的来历，和"西风夜静"相同。

*昼息不如夜静。（江苏苏州）

在晴好天气下，白天阳光强烈，对流盛行，风力经常很大；到了夜间，因为天空无云，地面冷却很快，地面空气变冷，凝着少动，使风力很小。所以白天风大，未必是天气变化之兆，只要夜间无风，天气就不会起变化。就怕白天没有风而夜间风大，那就表示有外来的风暴来临，天气要起变化了。

*六月里北风当时雨。（山东）

*六月北风当时雨，好似亲娘见闺女。（江苏常熟）

阳历7月的时候，华东地区吹有北风，表示锋面可能在这里，所以下雨。即使没有锋面，北来的冷风和7月的热地面接触，气层极不稳定，极易发生对流作用。即使没有气旋降水，也至少要有对流性阵雨。

*紧南不过三。（广西贵港）

*南风不过三，过三必连阴。（江苏太仓）

189

*南风若过三，不是下雨就朗天。（河北威县）

南风持久是天气变化的前兆，如果南风连吹三日而仍强盛，气压必定降低很快，于是南北间气压就有很大差异，好像江河的水位，上下流水压差大了，北方气流自然要奔腾南下，遂使天气发生重大变化。

*南风不过午，过午连夜吼。（内蒙古呼和浩特）

*南风不过晌，过晌听风响。（河北井隆）

这两句谚语的流行地区的纬度已在北纬38°以上，南风出现的频率比较小，所以很难连续吹半天的南风。但如果有气旋到来，受其中心的吸引，在它的南半部，南风很可能持久，连吹半天以至一两天都有可能。所以说："南风不过午，过午连夜吼"。

*立夏斩风头。（河北威县）

到了夏天，风力就没有春天那样大。这是就平均状态而言的。因为夏天南北之间气压差特别小，所以风力也小。但是在特殊情况下，像雷雨天气、台风天气的风力也可非常大，不过这种大风，一下子就过去的。

*关门风，开门住；开门不住，过晌午。（各地通行）

在正常的天气情况下，夜间不常有大风。如果有大风，必定是由于风暴的到来。风吹到何时为止，要看风暴的强弱行动而定，所以在使用这句谚语时要具体分析。

*清明刮了坟头土，哩哩啦啦四十五。（河北威县）

清明在阳历4月5日，这个时节，北方还冷，南方已热，南北温差大，气压梯度也大，所以风经常是很大的。南北气流的冲突就多发生，因此气旋频繁，雨天较多。

*西南转西北，搓绳来绊屋。（《田家五行》论风）

*南风吹得大，转了北风就要下。（湖北）

＊西南转西北，风暴等不得。（湖北）

＊南转北落得哭。（浙江义乌）

＊南洋转北洋，大雨淹屋梁。（湖北孝感）

所谓"南洋转北洋"就是指南风转为北风。

这是气旋里冷锋上的现象。冷锋前面盛行温高湿重的热带气团，自西南方向吹来。锋前的气压梯度小，风力和缓。冷锋后面来的是干冷的极地气团，自西北方向吹来。气压梯度大，风力非常强。同时大雨如注，雷电交加。

＊晴干无大风，雨落无小风。（江苏无锡）

晴干一般是出现在反气旋内的天气现象。在反气旋内部盛行下沉干热风，天气晴好，风力较小，尤其在反气旋中心部位，风力微弱，甚至无风，只有在外围才有显著的风。所以说"晴干无大风"。

另一方面，雨天主要出现于气旋区域。在气旋内部，盛行上升气流，四周空气向中心辐合，常常风雨连天。气旋本身也是一种"风暴"。所以，"雨落无小风"。

＊夜里起风夜里住，五更起风刮倒树。（江苏元锡）

＊更里起风更里住，更里不住刮倒树。（江苏无锡）

在正常的天气条件下，夜里是不会刮大风的，即使有风也是局部的，很快就会停止。若是夜里起风且不见停止，尤其在空气最为稳定的清晨（五更）起风的话，说明有气旋或台风等低气压系统过境，因此发生狂风暴雨。

＊日落北风煞，不煞风就大。（江苏无锡）

＊南风暖，东风潮，北风过来没处逃。（江苏无锡）

"煞"就是停的意思。

南风是热带气团向北输送的结果，因而具有热带气团温暖的性质，故"南风暖"。东风大多出现在气旋前方，所以东风出现时常成为气旋到来的前兆，将要下雨，因此说"东风潮"。"北风过来没处逃"的意思是，吹北风就要下大雨，而且雨势凶猛，范围较广，使人无处藏身。这种天气主要是冷锋到来所出现的。

*春开北，雨沥沥。（广东）

*一日北风三日雨。（广东）

在春季，随着太阳一天天的升高，南方地面增温较为迅速。此时吹北风，也即有冷空气南下，冷空气遇到南方较暖的地面使其不稳定性更甚，易产生对流性降水。如果冷空气进入南方原有的低气压内，就会使雨下得更大。

*久晴东风雨，久雨西风晴。（广东）

气旋前面盛行东风，所以晴天变阴必须先出现东风。相反，气旋后面盛行南风，因此阴天变晴必须先出现西风。这里所说的是天气变化正常的现象。

*南撞北，天变黑。（广东）

"南撞北"是本地盛行北风之后，有南风吹到而爬上冷楔坡所出现的暖锋面的云雨现象。这句话并不局限于广东地区，在各地都适用。

*风与云逆行，一定雨淋淋。（广东）

"风与云逆行"，说明地面风与高空风的方向相反，就会出现锋面降水。这种现象还可以出现在台风到来以及寒潮来临之时。

*小暑刮南风，十冲干九冲。（长江流域）

小暑在阳历7月6日左右，正是梅雨结束之际。这时若盛行南风表明锋面已经北移，使得长江流域在单一的热带气团控制之下，天气晴好，进入伏旱。

192

第四节　雷电

所有的雷声闪电，都是在雷雨云里发生的。

　　*南闪火门开北闪有雨来。（浙江）

　　*南闪千年，北闪有雨来。（浙江、《田家五行》论电）

　　*南闪半年，北闪跟前。（江苏常熟、无锡）

　　*电光西南，明日炎炎。（浙江义乌、江苏常熟、元锡）

　　*电光西北，下雨涟涟。（同上）

　　*东南方向闪电晴，西北方向闪电雨。（湖北应城）

　　*南闪晴，北闪雨。（广东）

这几句所讲的闪电，是发生在冷锋上的，称为冷锋雷雨，或飑线雷雨。冷锋位于北来冷气团的前锋，从北向南行动。看到雷电发生在北方，可见冷气团将跟着冷锋，自北向南而来，所以"北闪有雨来"。如果看到电闪发作在南方，它必定再向南去，不再北来。这时在本地方盛行着的是干燥而清洁的北方气团，刚到时比较冷些，但是因为天青无云，阳光强烈，温度是会很快升高的，所以说"南闪火门开"。

　　*东闪西闪，晒煞泥鳅黄鳝。（浙江）

　　*东霍霍，西霍霍，明天转来干卜卜。（福建福州）

　　*电光乱明，无雨天晴。（陕西武功）

夏季雷雨一般有两种类型：一种是锋面雷雨，一种是局地热雷雨。前者是由于锋面上升气流引起的，呈带状分布，范围广，生命久；后者是由于局地性强热对流引起的，范围小，生命短。

"东闪西闪"就是第二种雷雨体现的现象。我们仅能看到电光，听见雷声，而不涉及降水。因此"电光乱明，无雨天晴"。

*雷声绕圈转，有雨不久远。(浙江黄岩)

若雷雨云在太远的地方，这里就听不到雷声，只看见东闪西闪的电光。雷雨是热天空气对流造成的。此地虽然不下雷雨，但当地天气仍是很热的。如果听到雷声绕圈转，则表示很近地方有雷雨发生了。因为附近的云块密蔽，云面凹凸不平，所以造成回声。既然雷雨发作在附近，雨不久就到。

其次，当冷暖空气在当地上空交锋时，由于它们势均力敌，你来我往，相对十分猛烈，形成了"绕圈转"的现象。这时易于生成锋面。因而出现"有雨不久远"的现象。

*顶风雷雨大，顺风雷雨小。(浙江黄岩)

*逆阵易来，顺阵易开。(江苏苏州)

"阵"就是雷阵雨，逆和顺是依雷阵雨的行动方向而定的。譬如雷阵雨从西向东走，本地吹着东风，和阵雨相逆，这叫做"逆阵"；反之，如果本地吹着西风，和阵雨的行动方向一致，这叫做"顺阵"。雷雨是从雷雨云下来的，雷雨云发展的方向，才是雷阵雨将到的方向。雷雨云的发展，必须有对它相向辐合的地面气流来支持它，供给它必要的水汽，所以对它吹的逆阵风，实际就是供养它发展的风。既然东方是供养它的气流的来向，所以它向东方发展，就是逆阵易来的道理。如果本地吹着西风，这种风是高空下沉的风，下沉风比较干燥，云块碰到它是要蒸发消失的，所以说顺阵易开。即使不是下沉风，雷雨云也将顺着风东去，不再回到这里。

*未雨先雷，船去步归。(崔实《农家谚》晴雨占)

*雷公先唱歌，有雨也不多。(江苏无锡、常熟，湖北阳新，

浙江义乌）

　　＊先雷后雨，下雨不过瓢把水。（广东）

　　＊先雷后酉，当不到一场露水。（广东）

　　先听到雷声，然后下雨，这是热天的地方性雷雨。由于局地热力对流所造成的雷雨云仅仅掩蔽天顶，四方地平还是空空的。由于它范围很小，生命短促，所以雨止之后，仍旧是青天烈日，地面雨水立即晒干。假如乘了船出去，也可以步行归来。

　　上面所谈到的雷雨云是在本地生成的，即使不在天顶，也在附近地区的上空。当我们听到雷声时，那里可能已在下雨了。由于局地热力对流造成的雷雨云，维持时间短，雨区范围小，再加上雷电与降水消耗了云中空气的能量，使云中空气的上升对流运动逐渐减弱。等到雷雨云移到本地上空时，它已近于消失，即使有雨也不大了。

　　＊雷轰天顶，虽雨不猛；雷轰天边，大雨连天。（江苏苏州、河北）

　　从天顶开始的雷雨是下不久的，雷雨如果从天边下过来，这是气旋性雷雨。气旋有广大雨区，经过本地可有几天的时间，雷雨不过是它的广大雨区中间的一部分罢了。所以，在雷雨的前后，都可下雨，而且往往可连续好多天。但是天边的雷雨，也只有西方或西北方来的雷雨，才有可能来到本地，别的地方雷雨，就不一定会来，即使影响到本地，关系也极小。

　　＊雷公鸣，雨即停。（广西贵港）

　　在久雨不晴的天气，忽然雷声大作，表示天气就快转晴了。这种雷雨是冷锋雷雨，在冷锋之前，有暖锋的雨，暖区的毛毛雨。可是冷锋一过，就来干净的极地气流，把本地原有湿热气流一扫而空，所以天气变好了。

＊连头轰雷，多遇雹。（陕西武功）

雹也是从雷雨云里下降的。当雷雨云顶的冰雪晶体下降时，中途碰到猛烈的上升气流，把它们托上去，再进入冷湿环境，在它们外围再涂上一层冰霜。等到它们重量加大到一定程度，又下降了，在下降过程中，又遇到冷湿气层，使它们重量加大。如再有上升气流冲上来，它们再上升，再加大。这样地一上一下，重量就加大一次。最后等到地面气流不能负担它们的重量时，它们终于降落着地了。因为它们体积大，虽在大热天，也不能完全融化成水。这样看来，雹的形成，必须要有猛烈的上升气流，而这也是雷雨云出现的条件。所以打雷雨的时候，也常有雹下来。

＊正月动雷，人头脆。（浙江）

阳历正月寒冷、干燥，绝不可能有雷雨。如今有雷发动，表示天气相当湿热，这对于人体健康是不适宜的。同时，因为温高湿重，病菌和虫类易于繁殖，到了暑天，瘟疫毛病恐怕要流行了。

＊正月雷，年成荒；二月雷，多蛇虫；三月雷，庄稼好。（江苏常熟）

这句谚语的意思指农历正、二月出现雷雨，当年农作物会遇病虫害而成为荒年。但是在农历三月出现雷云，庄稼反而好。这是因为，农历三月正是江南地区的农作物需水时节。

＊小暑头上一声雷，四十五天倒黄梅。（江苏常州）

小暑在 7 月初，在长江流域黄梅天气已经过去。这句话的意思是：如果小暑日打雷，接着会再来 45 天的黄梅天气。严格讲，以后是否连续下雨，绝不可能看哪一天的天气来决定。但是，这句话也有它的部分道理。在小暑以后，长江流域梅雨将完，但若有一天开始了雷雨，这表示空中有湿热空气活动着，所以雷雨可以时常在各地区发生，但不以 45 天为限。

＊雷打秋，没得收。（江苏常州）

秋收冬藏，到了秋天就不需要雷雨了。这时候如果还有雷雨，那么将可收获的谷物，势必要腐烂在田里而"没得收"了。

＊雷打惊蛰后，低田好种豆。（陕西武功）

惊蛰在阳历 3 月 6 日，在华北一带，正值雷雨初逢的时期。如果那年的雷雨来得太迟了，雨水太少，所以低田只好种豆了。

＊未到惊蛰雷先鸣，必有四十五天阴。（湖北、江苏无锡）

＊雷打惊蛰前，高山好种田。（同上）

＊惊蛰未到先打雷，大路未干雨就来。（浙江义乌）

惊蛰在阳历 3 月 6 日，此时江南丘陵地区即将进入春雨季节，如果出现"雷打惊蛰前"，说明那年的春雨来得早，雨水充足，有利于农作物的生长，所以"高山好种田"。

＊秋雷扑扑，大水没屋。（浙江黄岩）

＊秋雷"及各"，大水没屋。（华中、华南）

夏天的雷雨，来势虽猛，但是下雨的时间短促，不致于发生水灾。秋天的雷雨，多是气旋性雷雨，是降在锋面上的，往往可以在很大区域内连下一二天。如果气旋成群结队而来，还可下得更久。这样雨本来就太多，屋顶也有被淹的危险了。

＊当头雷无雨，卯前雷有雨。（《田家五行》论雷）

＊春季卯时雷，饭后雨。（江苏无锡）

＊一夜起雷三日雨。（同上）

＊凡雷声响烈者，雨阵虽大而易过；雷声殷殷然响者，卒不晴。（同上）

＊闷雷轰天边，大雨落连天；响雷在天顶，大雨即过境。（广东）

＊燥天雷（响雷）要晴，水底雷（闷雷）要落。（浙江义乌）

＊疾雷易晴，闷雷难晴。（福建福清平潭《农家渔户丛谚》）

＊上昼雷（疾雷），下昼雨；下昼雷（闷雷），三日雨。（同上）

当头雷就是天顶的雷雨，这是热气局地的对流现象所产生的。雷雨云的范围小，雨下，云就消散，所以雨下不久，但是雷声非常响。卯前雷，就是下在夜间的雷雨，这绝不是地方性热力对流造成的，是由于西方或西北方来的气旋造成的。气旋活动的范围可以遍及几省，在一地方存在的时间，也可有好几天。如果几个气旋连续过境，所需时间更久，所下雨水更多，气旋雷雨的雷声发自远处，并不集中一地，所以雷声是殷殷然的。

198

＊雪中有雷，主阴雨。百日方晴。（广东）

雪天的雷，绝不是热雷雨，而是气旋性雷雨，故阴雨较久，但是未必要百天才晴的。

＊电闪催雷，雷催雨。（湖北，江苏）

＊电光闪，雷声到，大雨咆哮。（广东）

在夏季，闪电一过，就听雷声的现象，一般是因为雷雨云逼近本地的关系，所以雨也来得特别快，时常出现风雨交加的天气，因而具有"大雨咆哮"势头。